U0380915

第二次全国农业污染源普查系列丛书

第二次全国污染源普查农业源
信息管理数据字典

农业农村部农业生态与资源保护总站　编著

中国农业出版社

北　京

图书在版编目（CIP）数据

第二次全国污染源普查农业源信息管理数据字典 /
农业农村部农业生态与资源保护总站编著．—北京：中
国农业出版社，2022.3
　（第二次全国农业污染源普查系列丛书）
　ISBN 978-7-109-29255-0

　Ⅰ．①第…　Ⅱ．①农…　Ⅲ．①农业污染源－污染源调
查－信息管理－中国－数据字典　Ⅳ．①X508.2-61

　中国版本图书馆 CIP 数据核字（2022）第 050409 号

中国农业出版社出版

地址：北京市朝阳区麦子店街 18 号楼
邮编：100125
责任编辑：郑　君　　文字编辑：张田萌
版式设计：杨　婧　　责任校对：沙凯霖
印刷：中农印务有限公司
版次：2022 年 3 月第 1 版
印次：2022 年 3 月北京第 1 次印刷
发行：新华书店北京发行所
开本：787mm×1092mm　1/16
印张：10
字数：200 千字
定价：79.00 元

《第二次全国污染源普查农业源信息管理数据字典》
编 委 会

主　编：闫　成　黄宏坤　居学海　习　斌　穆希岩

副主编：段青红　于　强　孙仁华　尚　斌　郭树芳

参　编（按姓氏笔画排序）：

丁东生　王　飞　王云龙　王亚静　尹建锋

丛旭日　巩秀玉　师荣光　曲克明　朱志平

刘　勤　刘宏斌　米长虹　汤怀玉　许丹丹

孙建鸿　杜新忠　李云峰　李军幸　李佳佳

李欣欣　李垚奎　李晓华　李绪兴　杨　波

杨午腾　吴泽嬴　张　驰　张　健　张宏斌

张春雪　张贵龙　陈中祥　陈沛圳　陈宝雄

陈家长　武淑霞　郑云昊　郑向群　郑宏艳

宝　哲　孟　翠　孟顺龙　贾　涛　晁　敏

倪润祥　徐　艳　高　原　黄　瑛　黄洪辉

崔福东　梁军峰　彭乘风　鲁天宇　赖子尼

雷秋良　翟丽梅　潘君廷　薛颖昊

前　言

　　数据字典是在系统分析员、程序员、数据运维人员以及最终用户之间建立的一套共同语言，方便各方人员对数据能够准确理解和协同工作。

　　《第二次全国污染源普查农业源信息管理数据字典》以国务院第二次全国污染源普查领导小组办公室印发的《关于印发〈第二次全国污染源普查制度〉的通知》（国污普〔2018〕15号）、《关于印发〈第二次全国污染源普查技术规定〉的通知》（国污普〔2018〕16号）等相关要求为依据，对第二次全国污染源普查中规定的农业源污染普查要素和调查表以及字段的内容给予了系统编码和详细描述，规范了普查信息管理系统所涉及的数据编码及描述，为第二次全国农业源污染普查信息化系列软件开发者、系统运维人员和用户提供了一个统一的数据规范。

　　本数据字典主要分编写说明、种植生产情况及田间管理、农田地膜使用及回收利用、秸秆产生及利用、畜禽养殖生产及废弃物管理、水产养殖生产及尾水处置六大章节，对第二次全国污染源普查农业源调查信息表涉及的填报数据做了详细说明，包括主要术语与解释、数据表描述、数据字段与描述，实现了数据标准化，可用于辅助数据库和应用程序设计。

　　本数据字典是做好第二次全国污染源普查工作必不可少的辅助工具，可为今后政府部门、科研教学机构和社会公众等使用成果数据提供基础资料和科学参考。

目　录

前言

1 编写说明

1.1 定义

《第二次全国污染源普查农业源信息管理数据字典》是按照第二次全国污染源普查农业源调查的需求进行整理的数据字典，是对第二次全国污染源普查农业源调查信息表涉及的填报数据做详细说明的集合，用于描述数据名称、数据类别、数据长度、数据关系等信息。

1.2 内容

本数据字典专门为第二次全国污染源普查农业源调查系统编写，分别对系统涉及的各个专业和每个专业采集的数据的编码及描述进行了规范。数据项的描述如表1-1所示。

表1-1 数据项的描述

数据项	描　　述
字段名称	数据项在数据库中的名称
字段中文名称	数据项的中文名称
数据类型	数据存在的形式
单位	数据所用的计量单位
数据长度	计算机中数据存储的空间，用字节（byte）表示
备注	其他需要说明的内容

1.3 适用范围

本数据字典规范了第二次全国污染源普查农业源调查系统所涉及的数据编码及描述，是第二次全国污染源普查农业源调查系统的说明性文件，为第二次全国污染源普查农业源调查系统开发者、运维人员和用户提供了一个统一的数据规范。

1.4 编写原则

a. 科学性原则。数据描述符合相关学科的定义和规范。

b. 精炼性原则。凡是已有国家标准或行业标准的数据，参见引用标准，本字典不再重复，例如县以上的地名编码、名称等。

c. 方便性原则。为便于用户理解与应用，字典按要素分别描述。根据要素索引，用户可以方便地查询需要的信息。

1.5 编写依据

本数据字典以《关于印发〈第二次全国污染源普查制度〉的通知》（国污普〔2018〕15号）、《关于印发〈第二次全国污染源普查技术规定〉的通知》（国污普〔2018〕16号）等相关要求为依据，对第二次全国污染源普查中规定的要素和调查表以及字段的内容给予了系统编码和详细的描述，是理解和贯彻第二次全国污染源普查工作要求必不可少的辅助工具书，更是建立第二次全国污染源普查农业源调查系统的基础。

1.6 作用

a. 实现数据标准化，用于辅助数据库和应用程序设计。数据字典是数据库开发者、数据监管人和用户之间的共同约定，有助于开发者建立数据模型以及程序和数据库之间的数据交换接口，为规范化设计和数据管理提供基础。

b. 加强对数据的了解，消除冗余数据，避免重复数据项出现。

c. 作为数据查询的唯一入口，通过数据字典，用户可以方便地知道每项数据的意义，了解数据的来源和使用方法，帮助用户迅速找到所需的信息，并按照正确的方法使用数据。

d. 为使用系统的多方人员建立沟通的渠道。建立数据字典是在系统分析员、程序员、数据运维人员以及最终用户之间建立了一套共同的语言，使各方面人员对数据能够准确理解。

e. 实现数据共享，提高数据价值。数据的价值体现在数据的使用、分析、挖掘等方面，建立数据字典正是为了使自身系统或者第三方系统平台能够更加有效地使用、分析和挖掘数据。

f. 为第二次全国污染源普查农业源调查系统数据成果的存储、应用、更新等提供支持。

2 种植生产情况及田间管理

2.1 主要术语与解释

2.1.1 种植业县级主要种植模式及减排措施调查表指标解释

【1. 模式名称和模式代码】模式名称和模式代码见表2-1。

表 2-1　全国种植模式分类说明表

区域	序号	模式代码	模式名称	备注
北方高原山地区	1	BF01	北方高原山地区-缓坡地-非梯田-顺坡-大田作物[1]	北方高原山地区作物仅分为大田作物和园地作物。 [1] 大田作物指非园地作物，包括粮食作物、蔬菜作物等。 [2] 园地指种植以采集果、叶、根、茎、汁为主的多年生木本或草本作物，包括果园、茶园、桑园以及橡胶园等。以下同。
	2	BF02	北方高原山地区-缓坡地-非梯田-横坡-大田作物	
	3	BF03	北方高原山地区-缓坡地-梯田-大田作物	
	4	BF04	北方高原山地区-缓坡地-非梯田-园地[2]	
	5	BF05	北方高原山地区-缓坡地-梯田-园地	
	6	BF06	北方高原山地区-陡坡地-非梯田-顺坡-大田作物	
	7	BF07	北方高原山地区-陡坡地-非梯田-横坡-大田作物	
	8	BF08	北方高原山地区-陡坡地-梯田-大田作物	
	9	BF09	北方高原山地区-陡坡地-非梯田-园地	
	10	BF10	北方高原山地区-陡坡地-梯田-园地	
南方山地丘陵区	11	NF01	南方山地丘陵区-缓坡地-非梯田-顺坡-大田作物[3-4]	[3] 将非梯田进一步细分为横坡、顺坡。 [4] 大田作物指除水旱轮作、其他水田之外的旱地大田作物。 [5] 水旱轮作包括水稻小麦、水稻油菜、水稻蔬菜、水稻烤烟、水稻蚕豆、水稻绿肥作物等轮作模式。
	12	NF02	南方山地丘陵区-缓坡地-非梯田-横坡-大田作物	
	13	NF03	南方山地丘陵区-缓坡地-梯田-大田作物	
	14	NF04	南方山地丘陵区-缓坡地-非梯田-园地	
	15	NF05	南方山地丘陵区-缓坡地-梯田-园地	
	16	NF06	南方山地丘陵区-缓坡地-梯田-水旱轮作[5]	
	17	NF07	南方山地丘陵区-缓坡地-梯田-其他水田[6]	

（续）

区域	序号	模式代码	模式名称	备注
南方山地丘陵区	18	NF08	南方山地丘陵区-陡坡地-非梯田-顺坡-大田作物	[6] 其他水田包括单季稻、双季稻、再生稻、水生蔬菜以及稻鸭、稻蟹、稻虾、稻鱼等稻渔共生模式。
	19	NF09	南方山地丘陵区-陡坡地-非梯田-横坡-大田作物	
	20	NF10	南方山地丘陵区-陡坡地-梯田-大田作物	
	21	NF11	南方山地丘陵区-陡坡地-非梯田-园地	
	22	NF12	南方山地丘陵区-陡坡地-梯田-园地	
	23	NF13	南方山地丘陵区-陡坡地-梯田-水旱轮作	
	24	NF14	南方山地丘陵区-陡坡地-梯田-其他水田	
东北半湿润平原区	25	DB01	东北半湿润平原区-露地蔬菜	[7] 保护地指采用保护设备创造适宜的环境条件栽培的蔬菜、瓜果类等高产高值作物的耕地。以下同。
	26	DB02	东北半湿润平原区-保护地[7]	
	27	DB03	东北半湿润平原区-春玉米	
	28	DB04	东北半湿润平原区-大豆	
	29	DB05	东北半湿润平原区-其他大田作物[8]	[8] 其他大田作物指除春玉米、大豆以外的旱地大田作物。
	30	DB06	东北半湿润平原区-园地	
	31	DB07	东北半湿润平原区-单季稻	
黄淮海半湿润平原区	32	HH01	黄淮海半湿润平原区-露地蔬菜[9]	[9] 露地蔬菜指露地上种植根茎叶类蔬菜、瓜果类蔬菜、水生蔬菜等。
	33	HH02	黄淮海半湿润平原区-保护地	
	34	HH03	黄淮海半湿润平原区-小麦玉米轮作	[10] 其他大田作物指除小麦玉米轮作以外的旱地大田作物，如春玉米、棉花、甘薯、花生等作物。
	35	HH04	黄淮海半湿润平原区-其他大田作物[10]	
	36	HH05	黄淮海半湿润平原区-单季稻[11]	[11] 单季稻也包括稻鸭、稻蟹、稻虾、稻鱼等稻渔共生模式。
	37	HH06	黄淮海半湿润平原区-园地	
南方湿润平原区	38	NS01	南方湿润平原区-露地蔬菜	[12] 大田作物指除单季稻、水旱轮作、双季稻、其他水田以外的旱地大田作物。
	39	NS02	南方湿润平原区-保护地	
	40	NS03	南方湿润平原区-大田作物[12]	
	41	NS04	南方湿润平原区-单季稻	
	42	NS05	南方湿润平原区-稻麦轮作	[13] 其他水旱轮作指除稻麦、稻油、稻菜轮作模式以外的水旱轮作模式，如水稻烤烟、水稻玉米、水稻蚕豆等。
	43	NS06	南方湿润平原区-稻油轮作	
	44	NS07	南方湿润平原区-稻菜轮作	
	45	NS08	南方湿润平原区-其他水旱轮作[13]	[14] 其他水田指水生蔬菜、水稻绿肥以及稻鸭、稻蟹、稻虾、稻鱼等稻渔共生模式。
	46	NS09	南方湿润平原区-双季稻	
	47	NS10	南方湿润平原区-其他水田[14]	
	48	NS11	南方湿润平原区-园地	

（续）

区域	序号	模式代码	模式名称	备注
西北干旱半干旱平原区	49	XB01	西北干旱半干旱平原区-露地蔬菜	[15] 其他大田作物指除棉花、露地蔬菜、保护地以外的旱地大田作物，如玉米、马铃薯等。
	50	XB02	西北干旱半干旱平原区-保护地	
	51	XB03	西北干旱半干旱平原区-棉花	
	52	XB04	西北干旱半干旱平原区-其他大田作物[15]	
	53	XB05	西北干旱半干旱平原区-单季稻[16]	[16] 单季稻也包括稻鸭、稻蟹、稻虾、稻鱼等稻渔共生模式。
	54	XB06	西北干旱半干旱平原区-园地	

【2. 单项减排措施及面积】指优化施肥、节水灌溉、秸秆还田、免耕、绿肥填闲、植物篱等减排措施及面积。

优化施肥指施肥量较当地常规施肥量少的一种施肥方式，包括测土配方、有机替代、缓控释肥、化肥深施等。

节水灌溉指灌水量较当地常规灌溉量少的一种灌溉方式，包括滴灌、喷灌、调亏灌溉等。

免耕指除播种或注入肥料外，不再搅动土壤。施肥可与播种同时进行，也可以在播前或出苗后进行。

绿肥填闲指种植栽培植物并以其新鲜植物体就地翻压或沤、堆制肥为主要用途。按栽培季节，绿肥分为冬季绿肥、春季绿肥、夏季绿肥、秋季绿肥和多年生绿肥作物等。常见栽培方式：粮肥轮作；粮肥复种；粮肥间作套种；果园、林地间套种；农田闲隙地、荒地种植，非耕地营造绿肥林，水面放养水生绿肥作物。

植物篱指无间断式或接近连续的狭窄带状植物群，由木本植物或一些茎秆坚挺、直立的草本植物组成。

【3. 综合减排措施及面积】指同时实施两种或两种以上减排措施及面积，如水肥一体化、免耕秸秆覆盖等。

2.1.2 种植业典型地块抽样调查表指标解释

【1. 农户户主姓名或规模种植主体】填写户主的正式姓名，即身份证上的姓名。没有身份证的按户口簿填写；没有正式姓名的可填小名或某某氏，但不能填笔名、代号等。户主为家庭主要决策人或收入主要来源人。

规模种植主体指一年一熟制地区露地种植农作物的土地达到 100 亩*及以上、一年二熟及以上地区露地种植农作物的土地达到 50 亩及以上、设施农业的设施占地面积 25 亩及以上、园地面积 100 亩及以上，具有较大农业经营规模的农业经营主体。

---

* 亩为非法定计量单位，1 亩＝666.7 平方米，余同。——编者注

【2.联系电话】户主或规模种植主体负责人的联系电话，没有电话的可不填。

【3.种植面积】农业生产经营者在日历年度内种植农作物在全部土地（耕地或非耕地）上的面积。

【4.地址】指农户户口所在地的详细地址。要求写明农户所在的省（自治区、直辖市）、市（区、州、盟）、县（区、市、旗）、乡（镇、街道）、村的名称，不得填写通信号码或通信邮箱号码。

【5.行政区划代码】行政区划代码＝县级行政区划代码（6位）＋乡镇行政区划代码（3位）。县级行政区划代码按2017年县及县以上行政区划代码填写在前六个方格内。乡镇行政区划代码参照2017年统计用区划代码和城乡划分代码。该代码共有12位阿拉伯数字，分为三段。第一段为6位数字，表示县及县以上的行政区划；第二段、第三段6位数字，表示县以下的行政区划。

县以下行政区划代码编码原则如下：第二段3位数字，表示街道、镇和乡；第二段3位数字中的第一位数字为类别标识，以"0"表示街道，"1"表示镇，"2"和"3"表示乡，"4"和"5"表示政企合一的单位；第二、三位数字为该代码段中各行政区划的顺序号。街道的代码从001～099由小到大顺序编写；镇的代码从100～199由小到大顺序编写；乡的代码从200～399由小到大顺序编写。

【6.地块编码】地块编码＝识别码（DK）＋3位地块编号。3位地块编号：从001开始升序排列。必须填满3格，不足的左补0。

【7.典型地块面积】要精确到分，如5亩2分填写为5.2亩，如果不是标准亩，请折算成标准亩，1亩＝666.7平方米。

【8.地块坐标】指地块的经度与纬度。

【9.地块种植模式】指被调查地块的种植模式，模式名称和模式代码见表2-1。

【10.种植绿肥】指种植栽培植物并以其新鲜植物体就地翻压或沤、堆制肥为主要用途。按栽培季节，绿肥分为冬季绿肥、春季绿肥、夏季绿肥、秋季绿肥和多年生绿肥作物。常见栽培方式：粮肥轮作；粮肥复种；粮肥间作套种；果园、林地间套种；农田闲隙地、荒地种植，非耕地营造绿肥林，水面放养水生绿肥作物。有绿肥种植则选择是，否则选否。

【11、19、27.作物名称】按种植先后顺序逐一填写本年度内收获的各种作物。对于跨年度的作物，应以收获时间为准，并作为该地块的第1季作物。作物名称按表2-2填写。

【12、20、28.作物代码】按表2-2填写作物名称对应的代码。

【13、21、29.耕作方式】分为免耕、少耕、常规翻耕等3种方式。免耕指除播种或注入肥料外，不再搅动土壤，施肥可与播种同时进行，也可以在播前或出苗后进行；少耕指将土壤耕耘面积和耕耘次数减少到尽可能低的程度的耕作制度；常规翻耕指土壤经过耕翻后多次耙压碎土的耕作方式。

表 2-2 作物名称和作物代码对应表

粮食作物		经济作物		蔬菜作物	
名称	代码	名称	代码	名称	代码
水稻	LC01	棉花	JC01	根茎叶类蔬菜	SC01
小麦	LC02	麻类	JC02	瓜果类蔬菜	SC02
玉米	LC03	桑类	JC03	水生类蔬菜	SC03
大豆	LC04	籽用油菜	JC04		
其他豆类	LC05	其他油料作物	JC05		
甘薯	LC06	甘蔗	JC06		
马铃薯	LC07	甜菜	JC07		
其他粮食作物	LC08	其他糖料作物	JC08		
		烟草	JC09		
		茶	JC10		
		花卉	JC11		
		药材	JC12		
		苹果	JC13		
		梨	JC14		
		葡萄	JC15		
		桃	JC16		
		柑橘	JC17		
		香蕉	JC18		
		菠萝	JC19		
		荔枝	JC20		
		其他果树	JC21		
		其他经济作物	JC22		

注：水稻包括早稻、中稻、晚稻。

小麦包括冬小麦和春小麦。

玉米包括春玉米和夏玉米。

其他豆类包括豌豆、蚕豆、绿豆等。

其他粮食作物包括高粱、谷子、荞麦、燕麦、青稞等。

棉花包括春播棉花和夏播棉花。

麻类包括黄麻、苎麻、亚麻等。

其他油料作物包括花生、芝麻等。

花卉指以植物的花为最终产品，或以观赏、美化、绿化、香化为主要用途的栽培植物。根据花卉的最终用途和生产特点，将花卉分为切花切叶、盆栽植物、观赏苗木、食用与药用花卉、工业及其他用途花卉、草坪、种子用花卉、种球用花卉和种苗用花卉。

药材指在耕地上或非耕地上种植的、以获取药材原料为目的、主要用于中药配置以及中成药加工的药材作物的面积。

其他果树包括龙眼等。

根茎叶类蔬菜包括根菜、葱蒜、叶菜、茎菜、花菜等。

瓜果类蔬菜包括茄果类、菜用豆类、菜用瓜（黄瓜、南瓜、冬瓜等）、果用瓜（西瓜、甜瓜等）、草莓等。

水生类蔬菜包括莲藕、茭白等。

【14、22、30. 地膜覆盖量】指在农业生产过程中为育苗和作物生长防寒、保温、保湿而使用的地膜量，单位为千克/亩。

【15、23、31. 灌溉方式】分成漫灌、沟灌、畦灌、喷灌、滴灌、其他等 6 种类型。

【16、24、32. 经济产量】填写亩产量，单位为千克/亩。其中，棉花的经济产量以籽棉计。

【17、25、33. 秸秆产量】指粮食作物中的谷类和豆类、经济作物中的籽用油菜和棉花的秸秆产生量，其他作物不统计此项，单位为千克/亩。

【18、26、34. 秸秆还田量】指把秸秆（小麦秸秆、玉米秸秆和水稻秸秆等）直接或堆积腐熟后施入土壤中的量。

2.1.3 种植业典型地块抽样调查表——肥料施用情况指标解释

同一种作物，如果施用多种肥料，那么依次填写多次肥料施用情况。填写完第 1 季作物后，再依次填写第 2 季、第 3 季作物的肥料施用情况。

【1. 户主、地块编码】要与《种植业典型地块抽样调查表》中的户主和地块编码相一致。

【2. 种植季】与《种植业典型地块抽样调查表》中的 11、19、27 号中种植季相同。

【3. 作物名称】与《种植业典型地块抽样调查表》中的 11、19、27 号指标相同。

【4. 作物代码】填写各种作物相对应的代码，与《种植业典型地块抽样调查表》中的 12、20、28 号指标相同。

【5. 施肥时间】填写每次施肥的施用时间，格式为年-月-旬，如 2018－09－上旬。

【6. 肥料类型】分为基肥和追肥两种类型。基肥填①，追肥填②。

【7. 肥料种类】分为尿素、复合肥、缓释肥等多种类型。

【8. 肥料代码】按表 2－3 填写各种肥料相对应的代码。

表 2－3 主要肥料名称与代码对应表

氮肥		磷肥		钾肥		复合肥		有机肥	
名称	代码	名称	代码	名称	代码	名称	代码	名称	代码
尿素	FN01	普通过磷酸钙	FP01	氯化钾	FK01	磷酸二铵	FC01	商品有机肥	FM01
碳酸氢铵	FN02	钙镁磷肥	FP02	硫酸钾	FK02	磷酸一铵	FC02	鸡粪	FM02
硫酸铵	FN03	重过磷酸钙	FP03	硫酸钾镁	FK03	磷酸二氢钾	FC03	猪粪	FM03
硝酸铵	FN04	磷矿粉	FP04			硝酸钾	FC04	牛粪	FM04

（续）

氮肥		磷肥		钾肥		复合肥		有机肥	
名称	代码	名称	代码	名称	代码	名称	代码	名称	代码
氯化铵	FN05					有机无机复合肥	FC05	其他禽粪	FM05
氨水	FN06					其他二元或三元复合肥	FC06	其他畜粪	FM06
缓控释肥料	FN07							其他有机肥	FM07

注：不施用任何肥料，代码为FL00。

【9. 施用量】肥料施用的数量，单位为：千克/亩，1亩＝666.7平方米。如果不是标准单位，如方、担等单位，要求转化为千克，没有准确转化数量关系的计量单位，由普查员通过测试建立估算转化公式，并将数据转化为标准单位。如果不施用任何肥料，肥料施用量填为"0"。肥料的施用量是指肥料的干物质重量，特别是有机肥，是扣除有机肥水分的。

【10. 养分含量】指肥料有效养分含量。对于商品肥料，请参照肥料包装袋上的标示；对于非商品类有机肥（即农民自制的农家肥），请根据当地以往分析结果，填写该类有机肥的平均养分含量。如果不施用任何肥料，肥料养分含量填为"0"。

【11. 施肥方式】分为深施、表施、随水施肥、其他等4种方式。深施：一般将肥料施在土表下10～25厘米的一种施肥方法，如耕翻深施和开沟、开穴深施等。表施：将肥料均匀撒施于地表，而后进行或不进行犁、耙作业。随水施肥：将肥料溶入灌溉水并随同灌溉（滴灌、渗灌等）水施入田间或作物根区。用"√"选择相应灌溉方式，不在上述所列三种施肥方式中的选择"其他"。如果不施用任何肥料，施用方式填为"0"。

2.1.4 种植业典型地块抽样调查表——农药施用情况指标解释

同一种作物，如果施用多种农药，那么依次填写多次农药施用情况。填写完第1季作物后，再依次填写第2季、第3季作物的农药施用情况。

【1. 户主、地块编码】要与《种植业典型地块抽样调查表》中的户主和地块编码相一致。

【2. 种植季】与《种植业典型地块抽样调查表》中的11、19、27号中种植季相同。

【3. 作物名称】与《种植业典型地块抽样调查表》中的11、19、27号指标相同。

【4. 作物代码】填写各种作物相对应的代码，与《种植业典型块抽样调查表》中的12、20、28号指标相同。

【5. 施药目的】分为除草、杀虫、杀菌、其他等4种。如果不施用任何农药，施药目的填为"0"。

【6. 农药名称】指农药的商品名称。如果不施用任何农药，农药名称填为"无"。

【7-1. 有效成分名称】有效成分名称采用中文通用名称表示，按表2-4填写，如毒死蜱、阿特拉津等是有效成分通用名称。如果不施用任何农药，有效成分填为"0"。

表2-4　主要农药有效成分与代码对应表

农药有效成分	有效成分代码	农药有效成分	有效成分代码
毒死蜱	NY01	克百威	NY08
阿特拉津	NY02	吡虫啉	NY09
2，4-滴丁酯	NY03	其他有机磷类	NY10
丁草胺	NY04	其他有机氯类	NY11
乙草胺	NY05	其他菊酯类	NY12
涕灭威	NY06	其他氨基甲酸酯类	NY13
氟虫腈	NY07	其他类	NY14

注：不施用任何农药，农药有效成分为NY00。

【7-2. 有效成分代码】按表2-4给出的主要农药有效成分对应的代码填写。

【7-3. 有效成分含量】农药的有效成分量占总量的比例。如果不施用任何农药，含量填为"0"。

在填写有效成分（包括名称、代码和含量）时，填写农药的1～3种主要有效成分。

【8. 施用量】农药施用的数量，单位为：克/亩，如果不是标准单位，要求转化为标准单位，1亩＝666.7平方米。凡以体积标注的农药量均需转化为重量单位，其中1毫升＝1克，1升＝1000克。没有准确转化数量关系的计量单位，由普查员通过测试建立估算转化公式，并将数据转化为标准单位。如果不施用任何农药，施用量填为"0"。

【9. 施药方式】分为地面喷撒、叶面喷施、熏蒸、灌根、拌种和涂抹等6种方式。地面喷撒：将农药配成一定浓度的溶液喷洒到地面上，或颗粒状的农药直接撒在地面上的施药方法。叶面喷施：将农药配成一定浓度的溶液，喷洒到植株叶面上，通过叶面上的气孔而被作物吸收利用的施药方法。熏蒸：利用毒气或气化来防治病虫害的方法。灌根：将农药配成一定浓度的溶液，集中灌注到植株根部区域以防治病虫害的方法。拌种：将药剂与种子均匀混合，使每粒种子外面都覆盖一层药剂，用以防治种传、土传病害和地下害虫。拌种可分为干拌法和湿拌法。干拌法是将高浓度粉状药剂附着在种子表面，药剂随种子播入土壤，待种子在土壤中吸收水分后才发挥药效。湿拌法是用水将种子浸湿，然后蘸药粉，或将一定量的药加入少量水后喷洒于种子上均匀搅拌。涂抹：将配制好的药剂直接涂抹到植株特定部位以防治病虫害的方法。如果不施用任何农药，施药方式填为"0"。

2.2 数据表描述

2.2.1 种植业基本情况表

数据表名称：planting_base_situation

数据表中文名称：种植业基本情况

数据表编号：N201-1表

资料来源：《关于印发〈第二次全国污染源普查制度〉的通知》（国污普〔2018〕15号）

数据表原始表格：

县（区、市、旗）种植业基本情况

区划代码：□□□□□□

_____省（自治区、直辖市）

_____市（区、州、盟）

_____县（区、市、旗）

综合机关名称（盖章）：　　　　　　　　2017年

表　　号：N201-1表

制定机关：国务院第二次全国污染源普查

　　　　　领导小组办公室

批准机关：国家统计局

批准文号：

有效期至：

指标名称	计量单位	代码	指标值
甲	乙	丙	1
一、农村人口情况	—	—	
农户总数	户	01	
农村劳动力人口	人	02	
二、农业生产资料投入情况	—	—	
化肥施用量	吨	03	
其中：氮肥施用折纯量	吨	04	
含氮复合肥施用折纯量	吨	05	
用于种植业的农药使用量	吨	06	
三、规模种植主体情况	—	—	—
规模种植主体数量	个	07	
规模种植总面积	亩	08	
其中：粮食作物面积	亩	09	
经济作物面积	亩	10	
蔬菜瓜果面积	亩	11	
园地面积	亩	12	

（续）

指标名称	计量单位	代码	指标值
甲	乙	丙	1
四、耕地与园地总面积	—	—	—
不同坡度耕地和园地总面积	亩	13	
其中：平地面积（坡度≤5°）	亩	14	
缓坡地面积（坡度5°～15°）	亩	15	
陡坡地面积（坡度>15°）	亩	16	
耕地面积	亩	17	
其中：旱地	亩	18	
水田	亩	19	
菜地面积	亩	20	
其中：露地	亩	21	
保护地	亩	22	
园地面积	亩	23	
其中：果园	亩	24	
茶园	亩	25	
桑园	亩	26	
其他	亩	27	
五、地膜生产应用及回收情况	—	—	—
地膜生产企业数量	个	28	
地膜生产总量	吨	29	
地膜年使用总量	吨	30	
地膜覆膜总面积	亩	31	
地膜年回收总量	吨	32	
地膜回收企业数量	个	33	
地膜回收利用总量	吨	34	
六、作物产量	吨	35	
早稻	吨	36	
中稻和一季晚稻	吨	37	
双季晚稻	吨	38	
小麦	吨	39	
玉米	吨	40	
薯类	吨	41	

（续）

指标名称	计量单位	代码	指标值
甲	乙	丙	1
其中：马铃薯	吨	42	
木薯	吨	43	
油菜	吨	44	
大豆	吨	45	
棉花	吨	46	
甘蔗	吨	47	
花生	吨	48	
七、秸秆规模化利用情况	—	—	—
秸秆规模化利用企业数量	个	49	
其中：肥料化利用企业数量	个	50	
饲料化利用企业数量	个	51	
基料化利用企业数量	个	52	
原料化利用企业数量	个	53	
燃料化利用企业数量	个	54	
秸秆规模化利用数量	吨	55	
其中：肥料化利用数量	吨	56	
饲料化利用数量	吨	57	
基料化利用数量	吨	58	
原料化利用数量	吨	59	
燃料化利用数量	吨	60	

单位负责人：　　统计负责人（审核人）：　　填表人：　　联系电话：　　报出日期：　年　月　日

说明：1. 本表由县（区、市、旗）农业部门根据统计数据填报。

　　　2. 规模种植指一年一熟制地区露地种植农作物的土地达到 100 亩及以上、一年二熟及以上地区露地种植农作物的土地达到 50 亩及以上、设施农业的设施占地面积 25 亩及以上、园地面积达到 100 亩及以上。

　　　3. 审核关系：08＝09＋10＋11＋12；13＝17＋23＝14＋15＋16；17＝18＋19；20＝21＋22；23＝24＋25＋26＋27。

2.2.2　抽样调查县（区、市、旗）平地主要种植模式及减排措施调查表

数据表名称：planting_flat_situation

数据表中文名称：抽样调查县（区、市、旗）平地主要种植模式及减排措施调查表

数据表原始表格：

抽样调查县（区、市、旗）平地主要种植模式及减排措施调查表

_____省（自治区、直辖市）_____市（区、州、盟）_____县（区、市、旗）

行政区划代码：□□□□□□

填报单位名称（盖章）：

序号	1. 模式名称	2. 模式代码	3. 模式面积（亩）	4. 单项减排措施及面积（亩）						5. 综合减排措施及面积（亩）			
				①优化施肥	②节水灌溉	③秸秆还田	④免耕	⑤绿肥填闲	⑥植物篱	①水肥一体化	②免耕秸秆覆盖	③	④
①													
②													
③													
④													
⑤													
⑥													
⑦													
⑧													
⑨													
⑩													
⑪													

填表人：_____　　　　联系电话：_____

审核人：_____　　　　联系电话：_____　　　　填表日期：___年___月___日

注：1. 全国耕地和园地面积之和超过1万亩的县（区、市、旗）均需进行抽样调查。

2. 优化施肥包括测土配方、有机替代、缓控释肥、化肥深施等。

3. 节水灌溉是指灌水量较当地常规灌溉量少的一种灌溉方式，包括滴灌、喷灌、调亏灌溉等。

4. 综合减排措施及面积中的③和④，填报单位可根据实际情况补充填写其他综合减排措施名称及面积。

5. 各类种植模式面积之和需占全县耕地和园地总面积的95％以上。

2.2.3　抽样调查县（区、市、旗）坡地主要种植模式及减排措施调查表

数据表名称：planting_sloping_situation

数据表中文名称：抽样调查县（区、市、旗）坡地主要种植模式及减排措施调查表

数据表原始表格：

抽样调查县（区、市、旗）坡地主要种植模式及减排措施调查表

_____省（自治区、直辖市）_____市（区、州、盟）_____县（区、市、旗）

行政区划代码：□□□□□□

填报单位名称（盖章）：

序号	6. 模式名称	7. 模式代码	8. 模式面积（亩）	9. 单项减排措施及面积（亩）						10. 综合减排措施及面积（亩）			
				①优化施肥	②节水灌溉	③秸秆还田	④免耕	⑤绿肥填闲	⑥植物篱	①水肥一体化	②免耕秸秆覆盖	③	④
①													
②													
③													
④													
⑤													
⑥													
⑦													
⑧													
⑨													
⑩													
⑪													

填表人：_____　　　　联系电话：_____

审核人：_____　　　　联系电话：_____　　　　填表日期：___年___月___日

注：1. 全国耕地和园地面积之和超过1万亩的县（区、市、旗）均需进行抽样调查。

2. 优化施肥包括测土配方、有机替代、缓控释肥、化肥深施等。

3. 节水灌溉是指灌水量较当地常规灌溉量少的一种灌溉方式，包括滴灌、喷灌、调亏灌溉等。

4. 综合减排措施及面积中的③和④，填报单位可根据实际情况补充填写其他综合减排措施名称及面积。

5. 各类种植模式面积之和需占全县耕地和园地总面积的95%以上。

2.2.4　种植业典型地块抽样调查表

数据表名称：plant_land_sample_investigate

数据表中文名称：种植业典型地块抽样调查表

数据表原始表格：

种植业典型地块抽样调查表

1. 农户户主姓名或规模种植主体		2. 联系电话		3. 种植面积	_____（亩）
4. 地址	_____省（自治区、直辖市）_____市（区、州、盟）_____县（区、市、旗）_____乡（镇、街道）_____村	5. 行政区划代码		□□□□□□-□□□	

（续）

6. 地块编码	DK□□□	7. 典型地块面积	_____（亩）	8. 地块坐标	①经度：____°____′____″ ②纬度：____°____′____″		
9. 地块种植模式	①模式名称：_____ ②模式代码：_____				10. 种植绿肥		是□ 否□
11. 第1季作物名称		12. 作物代码		13. 耕作方式	①免耕□ ②少耕□ ③常规翻耕□		
14. 地膜覆盖量	_____（千克/亩）	15. 灌溉方式	①漫灌□ ②沟灌□ ③畦灌□ ④喷灌□ ⑤滴灌□ ⑥其他□_____				
16. 经济产量	_____（千克/亩）	17. 秸秆产量	_____（千克/亩）	18. 秸秆还田量	_____（千克/亩）		
19. 第2季作物名称		20. 作物代码		21. 耕作方式	①免耕□ ②少耕□ ③常规翻耕□		
22. 地膜覆盖量	_____（千克/亩）	23. 灌溉方式	①漫灌□ ②沟灌□ ③畦灌□ ④喷灌□ ⑤滴灌□ ⑥其他□_____				
24. 经济产量	_____（千克/亩）	25. 秸秆产量	_____（千克/亩）	26. 秸秆还田量	_____（千克/亩）		
27. 第3季作物名称		28. 作物代码		29. 耕作方式	①免耕□ ②少耕□ ③常规翻耕□		
30. 地膜覆盖量	_____（千克/亩）	31. 灌溉方式	①漫灌□ ②沟灌□ ③畦灌□ ④喷灌□ ⑤滴灌□ ⑥其他□_____				
32. 经济产量	_____（千克/亩）	33. 秸秆产量	_____（千克/亩）	34. 秸秆还田量	_____（千克/亩）		

普查员：_____ 联系电话：_____

县级审核员：_____ 联系电话：_____ 填表日期：____年____月____日

注：如地块的种植季大于3季，填报单位可根据实际情况自行增加表格填写，种植季填写指标与11～18项指标相同。

2.3 数据字段与描述

2.3.1 种植业基本情况表字段描述

①区划代码

字段名称：code

字段中文名称：区划代码

数据类型：varchar

数据长度：255

②省（自治区、直辖市）

字段名称：province_name

字段中文名称：省（自治区、直辖市）

数据类型：varchar

数据长度：255

③市（区、州、盟）

字段名称：city_name

字段中文名称：市（区、州、盟）

数据类型：varchar

数据长度：255

④县（区、市、旗）

字段名称：county_name

字段中文名称：县（区、市、旗）

数据类型：varchar

数据长度：255

⑤综合机关名称（盖章）

字段名称：comprehensive_authority_name

字段中文名称：综合机关名称（盖章）

数据类型：varchar

数据长度：255

⑥年份（年）

字段名称：year

字段中文名称：年份（年）

数据类型：varchar

数据长度：255

⑦农户总数（户）

字段名称：country_total_people

字段中文名称：农户总数（户）

数据类型：float8

数据长度：53

⑧农村劳动力人口（人）

字段名称：country_labour_people

字段中文名称：农村劳动力人口（人）

数据类型：float8

数据长度：53

⑨化肥施用量（吨）

字段名称：chemical_fertilizer_input

字段中文名称：化肥施用量（吨）

数据类型：float8

数据长度：53

⑩氮肥施用折纯量（吨）

字段名称：nitrogenous_fertilizer_input

字段中文名称：氮肥施用折纯量（吨）

数据类型：float8

数据长度：53

⑪含氮复合肥施用折纯量（吨）

字段名称：compound_fertilizer_input

字段中文名称：含氮复合肥施用折纯量（吨）

数据类型：float8

数据长度：53

⑫用于种植业的农药使用量（吨）

字段名称：pesticides_input

字段中文名称：用于种植业的农药使用量（吨）

数据类型：float8

数据长度：53

⑬规模种植主体数量（个）

字段名称：plant_theme_num

字段中文名称：规模种植主体数量（个）

数据类型：float8

数据长度：53

⑭规模种植总面积（亩）

字段名称：plant_total_area

字段中文名称：规模种植总面积（亩）

数据类型：float8

数据长度：53

⑮粮食作物面积（亩）

字段名称：food_crop_area

字段中文名称：粮食作物面积（亩）

数据类型：float8

数据长度：53

⑯经济作物面积（亩）

字段名称：economy_crop_area

字段中文名称：经济作物面积（亩）

数据类型：float8

数据长度：53

⑰蔬菜瓜果面积（亩）

字段名称：vegetable_and_fruit_area

字段中文名称：蔬菜瓜果面积（亩）

数据类型：float8

数据长度：53

⑱园地面积（亩）

字段名称：scale_garden_area

字段中文名称：园地面积（亩）

数据类型：float8

数据长度：53

⑲不同坡度耕地和园地总面积（亩）

字段名称：farmland_and_garden_area

字段中文名称：不同坡度耕地和园地总面积（亩）

数据类型：float8

数据长度：53

⑳平地面积（坡度≤5°）（亩）

字段名称：flat_area

字段中文名称：平地面积（坡度≤5°）（亩）

数据类型：float8

数据长度：53

㉑缓坡地面积（坡度5°～15°）（亩）

字段名称：gently_area

字段中文名称：缓坡地面积（坡度5°～15°）（亩）

数据类型：float8

数据长度：53

㉒陡坡地面积（坡度＞15°）（亩）

字段名称：steep_area

字段中文名称：陡坡地面积（坡度＞15°）（亩）

数据类型：float8

数据长度：53

㉓耕地面积（亩）

字段名称：farmland_area

字段中文名称：耕地面积（亩）

数据类型：float8

数据长度：53

㉔旱地面积（亩）

字段名称：dry_area

字段中文名称：旱地面积（亩）

数据类型：float8

数据长度：53

㉕水田面积（亩）

字段名称：water_area

字段中文名称：水田面积（亩）

数据类型：float8

数据长度：53

㉖菜地面积（亩）

字段名称：vegetable_area

字段中文名称：菜地面积（亩）

数据类型：float8

数据长度：53

㉗露地面积（亩）

字段名称：open_field_area

字段中文名称：露地面积（亩）

数据类型：float8

数据长度：53

㉘保护地面积（亩）

字段名称：protect_area

字段中文名称：保护地面积（亩）

数据类型：float8

数据长度：53

㉙园地面积（亩）

字段名称：garden_total_area

字段中文名称：园地面积（亩）

数据类型：float8

数据长度：53

㉚果园面积（亩）

字段名称：fruit_area

字段中文名称：果园面积（亩）

数据类型：float8

数据长度：53

㉛茶园面积（亩）

字段名称：tea_area

字段中文名称：茶园面积（亩）

数据类型：float8

数据长度：53

㉜桑园面积（亩）

字段名称：mulberry_area

字段中文名称：桑园面积（亩）

数据类型：float8

数据长度：53

㉝其他面积（亩）

字段名称：other_area

字段中文名称：其他面积（亩）

数据类型：float8

数据长度：53

㉞地膜生产企业数量（个）

字段名称：film_company_num

字段中文名称：地膜生产企业数量（个）

数据类型：float8

数据长度：53

㉟地膜生产总量（吨）

字段名称：film_product_num

字段中文名称：地膜生产总量（吨）

数据类型：float8

数据长度：53

㊱地膜年使用总量（吨）

字段名称：film_use_num

字段中文名称：地膜年使用总量（吨）

数据类型：float8

数据长度：53

㊲地膜覆膜总面积（亩）

字段名称：film_mulching_area

字段中文名称：地膜覆膜总面积（亩）

数据类型：float8

数据长度：53

㊳地膜年回收总量（吨）

字段名称：film_recovery_total

字段中文名称：地膜年回收总量（吨）

数据类型：float8

数据长度：53

㊴地膜回收企业数量（个）

字段名称：film_recovery_company_num

字段中文名称：地膜回收企业数量（个）

数据类型：float8

数据长度：53

㊵地膜回收利用总量（吨）

字段名称：film_recovery_use_num

字段中文名称：地膜回收利用总量（吨）

数据类型：float8

数据长度：53

㊶作物产量（吨）

字段名称：crop_output

字段中文名称：作物产量（吨）

数据类型：float8

数据长度：53

㊷早稻产量（吨）

字段名称：earlyrice_output

字段中文名称：早稻产量（吨）

数据类型：float8

数据长度：53

㊸中稻和一季晚稻产量（吨）

字段名称：centerrice_and_laterice_output

字段中文名称：中稻和一季晚稻产量（吨）

数据类型：float8

数据长度：53

㊹双季晚稻产量（吨）

字段名称：double_laterice_output

字段中文名称：双季晚稻产量（吨）

数据类型：float8

数据长度：53

㊺小麦产量（吨）

字段名称：wheat_output

字段中文名称：小麦产量（吨）

数据类型：float8

数据长度：53

㊻玉米产量（吨）

字段名称：corn_output
字段中文名称：玉米产量（吨）
数据类型：float8
数据长度：53

㊼薯类产量（吨）

字段名称：tubers_total_output
字段中文名称：薯类产量（吨）
数据类型：float8
数据长度：53

㊽马铃薯产量（吨）

字段名称：potato_output
字段中文名称：马铃薯产量（吨）
数据类型：float8
数据长度：53

㊾木薯产量（吨）

字段名称：cassava_output
字段中文名称：木薯产量（吨）
数据类型：float8
数据长度：53

㊿油菜产量（吨）

字段名称：rape_output
字段中文名称：油菜产量（吨）
数据类型：float8
数据长度：53

51大豆产量（吨）

字段名称：soybean_output
字段中文名称：大豆产量（吨）

数据类型：float8
数据长度：53

52棉花产量（吨）

字段名称：cotton_output
字段中文名称：棉花产量（吨）
数据类型：float8
数据长度：53

53甘蔗产量（吨）

字段名称：sugarcane_output
字段中文名称：甘蔗产量（吨）
数据类型：float8
数据长度：53

54花生产量（吨）

字段名称：peanut_output
字段中文名称：花生产量（吨）
数据类型：float8
数据长度：53

55秸秆规模化利用企业数量（个）

字段名称：straw_scale_company_num
字段中文名称：秸秆规模化利用企业数量（个）
数据类型：float8
数据长度：53

56肥料化利用企业数量（个）

字段名称：straw_fertilizer_company_num
字段中文名称：肥料化利用企业数量（个）
数据类型：float8

数据长度：53

(57)饲料化利用企业数量（个）

字段名称：straw_forage_company_num
字段中文名称：饲料化利用企业数量（个）
数据类型：float8
数据长度：53

(58)基料化利用企业数量（个）

字段名称：straw_base_company_num
字段中文名称：基料化利用企业数量（个）
数据类型：float8
数据长度：53

(59)原料化利用企业数量（个）

字段名称：straw_raw_company_num
字段中文名称：原料化利用企业数量（个）
数据类型：float8
数据长度：53

(60)燃料化利用企业数量（个）

字段名称：straw_fuel_company_num
字段中文名称：燃料化利用企业数量（个）
数据类型：float8
数据长度：53

(61)秸秆规模化利用数量（吨）

字段名称：straw_scale_use_num
字段中文名称：秸秆规模化利用数量（吨）
数据类型：float8
数据长度：53

(62)肥料化利用数量（吨）

字段名称：straw_fertilizer_num
字段中文名称：肥料化利用数量（吨）
数据类型：float8
数据长度：53

(63)饲料化利用数量（吨）

字段名称：straw_forage_num
字段中文名称：饲料化利用数量（吨）
数据类型：float8
数据长度：53

(64)基料化利用数量（吨）

字段名称：straw_base_num
字段中文名称：基料化利用数量（吨）
数据类型：float8
数据长度：53

(65)原料化利用数量（吨）

字段名称：straw_raw_num
字段中文名称：原料化利用数量（吨）
数据类型：float8
数据长度：53

(66)燃料化利用数量（吨）

字段名称：straw_fuel_num
字段中文名称：燃料化利用数量（吨）
数据类型：float8
数据长度：53

67单位负责人

字段名称：company_responsible_people

字段中文名称：单位负责人

数据类型：varchar

数据长度：255

68统计负责人（审核人）

字段名称：statistics_responsible_people

字段中文名称：统计负责人（审核人）

数据类型：varchar

数据长度：255

69填表人

字段名称：fill_people

字段中文名称：填表人

数据类型：varchar

数据长度：255

70联系电话

字段名称：telephone_num

字段中文名称：联系电话

数据类型：varchar

数据长度：255

71报出日期

字段名称：report_date

字段中文名称：报出日期

数据类型：varchar

数据长度：255

2.3.2 抽样调查县（区、市、旗）平地主要种植模式及减排措施调查表字段描述

①省（自治区、直辖市）

字段名称：province_name

字段中文名称：省（自治区、直辖市）

数据类型：varchar

数据长度：255

②市（区、州、盟）

字段名称：city_name

字段中文名称：市（区、州、盟）

数据类型：varchar

数据长度：255

③县（区、市、旗）

字段名称：county_name

字段中文名称：县（区、市、旗）

数据类型：varchar

数据长度：255

④行政区划

字段名称：code

字段中文名称：行政区划

数据类型：varchar

数据长度：255

⑤填报单位名称

字段名称：company_name

字段中文名称：填报单位名称

数据类型：varchar

数据长度：255

⑥模式名称

字段名称：mode_name

字段中文名称：模式名称

数据类型：varchar

数据长度：255

⑦模式代码

字段名称：mode_code

字段中文名称：模式代码

数据类型：varchar

数据长度：255

⑧模式面积

字段名称：mode_area

字段中文名称：模式面积

数据类型：float8

数据长度：53

⑨优化施肥

字段名称：optimized_fertilization_area

字段中文名称：优化施肥

数据类型：float8

数据长度：53

⑩节水灌溉

字段名称：water_save_irrigation_area

字段中文名称：节水灌溉

数据类型：float8

数据长度：53

⑪秸秆还田

字段名称：straw_return_area

字段中文名称：秸秆还田

数据类型：float8

数据长度：53

⑫免耕

字段名称：no_tillage_area

字段中文名称：免耕

数据类型：float8

数据长度：53

⑬绿肥填闲

字段名称：green_manure_fill_leisure_area

字段中文名称：绿肥填闲

数据类型：float8

数据长度：53

⑭植物篱

字段名称：hedgerow_area

字段中文名称：植物篱

数据类型：float8

数据长度：53

⑮水肥一体化

字段名称：water_fertilize_integration

字段中文名称：水肥一体化

数据类型：float8

数据长度：53

⑯免耕秸秆覆盖

字段名称：no_tillage_straw_mulch

字段中文名称：免耕秸秆覆盖

数据类型：float8

数据长度：53

⑰其他综合减排措施 1

字 段 名 称：comprehensive _ emission _
reduction_step1

字段中文名称：其他综合减排措施 1

数据类型：varchar

数据长度：255

⑱其他综合减排措施 1 面积

字 段 名 称：comprehensive _ emission _
reduction_step1_area

字段中文名称：其他综合减排措施 1
面积

数据类型：float8

数据长度：53

⑲其他综合减排措施 2

字 段 名 称：comprehensive _ emission _
reduction_step2

字段中文名称：其他综合减排措施 2

数据类型：varchar

数据长度：255

⑳其他综合减排措施 2 面积

字 段 名 称：comprehensive _ emission _
reduction_step2_area

字段中文名称：其他综合减排措施 2
面积

数据类型：float8

数据长度：53

㉑填表人

字 段 名 称：report_people

字段中文名称：填表人

数据类型：varchar

数据长度：255

㉒填表人联系电话

字 段 名 称：report_people_phone

字段中文名称：填表人联系电话

数据类型：varchar

数据长度：255

㉓审核人

字 段 名 称：examine_people

字段中文名称：审核人

数据类型：varchar

数据长度：255

㉔审核人联系电话

字 段 名 称：examine_people_phone

字段中文名称：审核人联系电话

数据类型：varchar

数据长度：255

㉕填表日期

字 段 名 称：fill_date

字段中文名称：填表日期

数据类型：varchar

数据长度：255

2.3.3 抽样调查县（区、市、旗）坡地主要种植模式及减排措施调查表字段描述

①省（自治区、直辖市）

字段名称：province_name
字段中文名称：省（自治区、直辖市）
数据类型：varchar
数据长度：255

②市（区、州、盟）

字段名称：city_name
字段中文名称：市（区、州、盟）
数据类型：varchar
数据长度：255

③县（区、市、旗）

字段名称：county_name
字段中文名称：县（区、市、旗）
数据类型：varchar
数据长度：255

④行政区划

字段名称：code
字段中文名称：行政区划
数据类型：varchar
数据长度：255

⑤填报单位名称

字段名称：company_name
字段中文名称：填报单位名称
数据类型：varchar
数据长度：255

⑥模式名称

字段名称：mode_name
字段中文名称：模式名称
数据类型：varchar
数据长度：255

⑦模式代码

字段名称：mode_code
字段中文名称：模式代码
数据类型：varchar
数据长度：255

⑧模式面积

字段名称：mode_area
字段中文名称：模式面积
数据类型：float8
数据长度：53

⑨优化施肥

字段名称：optimized_fertilization_area
字段中文名称：优化施肥
数据类型：float8
数据长度：53

⑩节水灌溉

字段名称：water_save_irrigation_area
字段中文名称：节水灌溉
数据类型：float8
数据长度：53

⑪秸秆还田

字段名称：straw_return_area

字段中文名称：秸秆还田

数据类型：float8

数据长度：53

⑫免耕

字段名称：no_tillage_area

字段中文名称：免耕

数据类型：float8

数据长度：53

⑬绿肥填闲

字段名称：green_manure_fill_leisure_area

字段中文名称：绿肥填闲

数据类型：float8

数据长度：53

⑭植物篱

字段名称：hedgerow_area

字段中文名称：植物篱

数据类型：float8

数据长度：53

⑮水肥一体化

字段名称：water_fertilize_integration

字段中文名称：水肥一体化

数据类型：float8

数据长度：53

⑯免耕秸秆覆盖

字段名称：no_tillage_straw_mulch

字段中文名称：免耕秸秆覆盖

数据类型：float8

数据长度：53

⑰其他综合减排措施1

字段名称：comprehensive_emission_reduction_step1

字段中文名称：其他综合减排措施1

数据类型：varchar

数据长度：255

⑱其他综合减排措施1面积

字段名称：comprehensive_emission_reduction_step1_area

字段中文名称：其他综合减排措施1面积

数据类型：float8

数据长度：53

⑲其他综合减排措施2

字段名称：comprehensive_emission_reduction_step2

字段中文名称：其他综合减排措施2

数据类型：varchar

数据长度：255

⑳其他综合减排措施2面积

字段名称：comprehensive_emission_reduction_step2_area

字段中文名称：其他综合减排措施2面积

数据类型：float8

数据长度：53

㉑填表人

字段名称：report_people

字段中文名称：填表人

数据类型：varchar

数据长度：255

㉒填表人联系电话

字段名称：report_people_phone

字段中文名称：填表人联系电话

数据类型：varchar

数据长度：255

㉓审核人

字段名称：examine_people

字段中文名称：审核人

数据类型：varchar

数据长度：255

㉔审核人联系电话

字段名称：examine_people_phone

字段中文名称：审核人联系电话

数据类型：varchar

数据长度：255

㉕填表日期

字段名称：fill_date

字段中文名称：填表日期

数据类型：varchar

数据长度：255

2.3.4 种植业典型地块抽样调查表字段描述

①唯一 id

字段名称：id

字段中文名称：唯一 id

数据类型：varchar

数据长度：255

②农户户主姓名或规模种植主体

字段名称：farmer_name

字段中文名称：农户户主姓名或规模种
植主体

数据类型：varchar

数据长度：255

③联系电话

字段名称：phone

字段中文名称：联系电话

数据类型：varchar

数据长度：255

④种植面积

字段名称：plant_area

字段中文名称：种植面积

数据类型：float8

数据长度：53

⑤省（自治区、直辖市）

字段名称：province_name

字段中文名称：省（自治区、直辖市）

数据类型：varchar

数据长度：255

⑥ **市（区、州、盟）**

字段名称：city_name
字段中文名称：市（区、州、盟）
数据类型：varchar
数据长度：255

⑦ **县（区、市、旗）**

字段名称：county_name
字段中文名称：县（区、市、旗）
数据类型：varchar
数据长度：255

⑧ **乡（镇、街道）**

字段名称：town_name
字段中文名称：乡（镇、街道）
数据类型：varchar
数据长度：255

⑨ **村**

字段名称：village_name
字段中文名称：村
数据类型：varchar
数据长度：255

⑩ **行政区划代码**

字段名称：ad_code
字段中文名称：行政区划代码
数据类型：varchar
数据长度：255

⑪ **地块编码**

字段名称：land_code
字段中文名称：地块编码

数据类型：varchar
数据长度：255

⑫ **典型地块面积**

字段名称：land_area
字段中文名称：典型地块面积
数据类型：float8
数据长度：53

⑬ **经度**

字段名称：lon
字段中文名称：经度
数据类型：float8
数据长度：53

⑭ **纬度**

字段名称：lat
字段中文名称：纬度
数据类型：float8
数据长度：53

⑮ **模式名称**

字段名称：plant_pattern_name
字段中文名称：模式名称
数据类型：varchar
数据长度：255

⑯ **模式代码**

字段名称：plant_pattern_code
字段中文名称：模式代码
数据类型：varchar
数据长度：255

⑰种植绿肥

字段名称：plant_green_manure

字段中文名称：种植绿肥

数据类型：int2

数据长度：16

⑱普查员

字段名称：enumerator_name

字段中文名称：普查员

数据类型：varchar

数据长度：255

⑲普查员联系电话

字段名称：enumerator_phone

字段中文名称：普查员联系电话

数据类型：varchar

数据长度：255

⑳县级审核员

字段名称：auditor_name

字段中文名称：县级审核员

数据类型：varchar

数据长度：255

㉑审核员联系电话

字段名称：auditor_phone

字段中文名称：审核员联系电话

数据类型：varchar

数据长度：255

㉒填报日期

字段名称：fill_date

字段中文名称：填报日期

数据类型：varchar

数据长度：255

㉓主表 id

字段名称：plant_land_sample_investi-gate_id

字段中文名称：主表 id

数据类型：varchar

数据长度：255

㉔作物名称

字段名称：crop_name

字段中文名称：作物名称

数据类型：varchar

数据长度：255

㉕作物代码

字段名称：crop_code

字段中文名称：作物代码

数据类型：varchar

数据长度：255

㉖耕作方式

字段名称：farming_method

字段中文名称：耕作方式

数据类型：int2

数据长度：16

㉗地膜覆盖量

字段名称：plastic_film_coverage

字段中文名称：地膜覆盖量

数据类型：float8

数据长度：53

㉘**灌溉方式**

字段名称：irrigation_method
字段中文名称：灌溉方式
数据类型：int2
数据长度：16

㉙**经济产量**

字段名称：economic_output
字段中文名称：经济产量
数据类型：float8
数据长度：53

㉚**秸秆产量**

字段名称：straw_yield
字段中文名称：秸秆产量
数据类型：float8
数据长度：53

㉛**秸秆还田量**

字段名称：straw_return_amount
字段中文名称：秸秆还田量
数据类型：float8
数据长度：53

2.3.5 种植业典型地块抽样调查表——肥料施用情况字段描述

①**户主**

字段名称：name
字段中文名称：户主
数据类型：varchar
数据长度：255

②**地块编码**

字段名称：land_code
字段中文名称：地块编码
数据类型：varchar
数据长度：255

③**种植季**

字段名称：planting_season
字段中文名称：种植季
数据类型：varchar
数据长度：255

④**作物名称**

字段名称：crop_name
字段中文名称：作物名称
数据类型：varchar
数据长度：255

⑤**作物代码**

字段名称：crop_code
字段中文名称：作物代码
数据类型：varchar
数据长度：255

⑥**施肥时间（年-月-旬）**

字段名称：fertilize_time
字段中文名称：施肥时间（年-月-旬）
数据类型：int2
数据长度：16

⑦施肥类型

字段名称：fertilize_type
字段中文名称：施肥类型
数据类型：varchar
数据长度：255

⑧肥料种类

字段名称：fertilize_variety
字段中文名称：肥料种类
数据类型：varchar
数据长度：255

⑨肥料代码

字段名称：fertilize_code
字段中文名称：肥料代码
数据类型：varchar
数据长度：255

⑩施用量

字段名称：fertilize_value
字段中文名称：施用量
数据类型：float8
数据长度：53

⑪养分含量 n

字段名称：nutrient_n
字段中文名称：养分含量 n
数据类型：float8
数据长度：53

⑫养分含量 p

字段名称：nutrient_p
字段中文名称：养分含量 p

数据类型：float8
数据长度：53

⑬养分含量 k

字段名称：nutrient_k
字段中文名称：养分含量 k
数据类型：float8
数据长度：53

⑭施肥方式

字段名称：fertilize_method
字段中文名称：施肥方式
数据类型：int2
数据长度：16

⑮普查员

字段名称：enumerator_name
字段中文名称：普查员
数据类型：varchar
数据长度：255

⑯普查员联系电话

字段名称：enumerator_phone
字段中文名称：普查员联系电话
数据类型：varchar
数据长度：255

⑰县级审核员

字段名称：auditor_name
字段中文名称：县级审核员
数据类型：varchar
数据长度：255

⑱审核员联系电话

字段名称：auditor_phone

字段中文名称：审核员联系电话

数据类型：varchar

数据长度：255

2.3.6 种植业典型地块抽样调查表——农药施用情况字段描述

①唯一 id

字段名称：id

字段中文名称：唯一 id

数据类型：varchar

数据长度：255

②户主

字段名称：name

字段中文名称：户主

数据类型：varchar

数据长度：255

③地块编码

字段名称：land_code

字段中文名称：地块编码

数据类型：varchar

数据长度：255

④种植季

字段名称：planting_season

字段中文名称：种植季

数据类型：varchar

数据长度：255

⑤作物名称

字段名称：crop_name

字段中文名称：作物名称

数据类型：varchar

数据长度：255

⑥作物代码

字段名称：crop_code

字段中文名称：作物代码

数据类型：varchar

数据长度：255

⑦施药目的

字段名称：application_purpose

字段中文名称：施药目的

数据类型：varchar

数据长度：255

⑧农药名称

字段名称：pesticide_name

字段中文名称：农药名称

数据类型：varchar

数据长度：255

⑨施用量

字段名称：application_rate

字段中文名称：施用量

数据类型：float8

数据长度：53

⑩施药方式

字段名称：application_method

字段中文名称：施药方式

数据类型：int2

数据长度：16

⑪普查员

字段名称：enumerator_name

字段中文名称：普查员

数据类型：varchar

数据长度：255

⑫普查员联系电话

字段名称：enumerator_phone

字段中文名称：普查员联系电话

数据类型：varchar

数据长度：255

⑬县级审核员

字段名称：auditor_name

字段中文名称：县级审核员

数据类型：varchar

数据长度：255

⑭审核员联系电话

字段名称：auditor_phone

字段中文名称：审核员联系电话

数据类型：varchar

数据长度：255

⑮主表 id

字段名称：pesticide_application_id

字段中文名称：主表 id

数据类型：varchar

数据长度：255

⑯有效成分名称

字段名称：active_ingredient_name

字段中文名称：有效成分名称

数据类型：varchar

数据长度：255

⑰有效成分代码

字段名称：active_ingredient_code

字段中文名称：有效成分代码

数据类型：varchar

数据长度：255

⑱有效成分含量

字段名称：active_ingredient_content

字段中文名称：有效成分含量

数据类型：float8

数据长度：53

3 农田地膜使用及回收利用

3.1 主要术语与解释

【1. 县（区）名称】填写省（自治区、直辖市）、市（区、州、盟）、县（区、市、旗），填写时要求使用规范化汉字全称。

【2. 行政区划代码】由所在地普查机构统一填写。按 2017 年县级行政区划代码，将相应行政区划代码填写在方格内。如 2017 年县及县以上的行政区划有变动的，则县及县以上的行政区划代码（第 1～6 位码）按最新的《中华人民共和国行政区划代码》（GB/T 2260）填报，将相应行政区划代码填写在方格内。

【3. 行政区域地理位置】填入部门生产场所实际所在地的经度、纬度和海拔高度。

【4. 县审核部门名称】指经有关部门批准正式使用的单位全称＋部门名称。需按有关部门登记的名称填写；填写时要求使用规范化汉字全称，与单位公章所使用的名称完全一致。如名称变更（含当年变更），应同时填上变更前的名称（曾用名）。凡经登记主管机关核准或批准，具有两个或两个以上名称的单位，要求填写一个法人单位名称，同时用括号注明其余的单位名称。

【5. 耕地总面积】指种植农作物的土地总面积，包括熟地，新开发、复垦、整理地，休闲地（含轮歇地、轮作地）；以种植农作物（含蔬菜）为主，间有零星果树、桑树或其他树木的土地；平均每年能保证收获一季的已垦滩地和海涂。耕地中包含南方宽度＜1.0 米、北方宽度＜2.0 米固定的沟、渠、路和地埂；临时种植药材、草皮、花卉、苗木等的耕地，以及其他临时改变用途的耕地。

不包括已改为鱼塘、果园、林地的土地，被工厂、公路、铁路等设施占用的土地，已退耕还林、还草或已损毁的耕地。也不包括抛荒三年以上的耕地。

林农、果农间作的土地，以种植农作物为主的按耕地计算，以果树为主的计为园地，以林地为主的计为林地。已实施国家退耕还林、还草项目并已享受补贴的，无论是否间作农作物，都不算为耕地面积。

【6. 农村劳动力人口】指乡村常住人口中具有劳动能力的 18 岁以上的成年人口数量。

【7. 播种面积】调查年度内收获的农作物在全部土地（耕地或非耕地）上的播种

或移植的面积，包含粮食作物、经济作物、蔬菜瓜果播种总面积。

移植的作物面积，如稻谷、甘薯、烟叶等，按移植后的面积计算，不计算移植前的秧苗面积。间种、混种的作物面积按比例折算各个作物的面积，如果完全混合、同步生长、收获的作物，按混合面积平均分配。复种、套种的作物，按次数计算面积，每种一次计算一次。

蔬菜根据不同的生长特点采取不同的播种面积统计方法。在普查年度内，播种一次收获一次的，种一茬算一茬面积；多年生的，不论一年内收获几次，都只计算一次面积；间种、套种，按占地面积比例或用种量折算；种植在大棚等农业设施中的，无论是否"立体"种植，均按占地面积计算。

【8. 覆膜面积】指某地区所有覆盖地膜农田的总面积（包括地膜本身覆盖的面积和操作畦间的未覆盖面积）。同样地块每重新种植一茬作物并新覆膜一次，算一次面积。一次覆膜种植多茬作物，只计算一次面积。

【9. 年地膜使用总量】指按本年度所有覆盖地膜农田实际铺设地膜重量。调查年度内覆盖一次算一次重量。

【10. 地膜年销售量】指企业每年实际销售地膜产品总重量。

【11. 地膜年回收总量】指企业每年回收地膜净重量，即排除回收地膜材料中土壤、作物残体等杂质后的地膜重量，为估算值。

【12. 地膜回收作业面积】指某地区进行地膜回收处理的农田总面积（包括机械回收、人工回收以及机械人工混合回收）。其中，机械、人工重复进行地膜回收的农田只记入机械回收面积。

【13. 地膜回收机作业费用】以租赁残膜回收机作业费用计算，其中包括残膜回收机械作业人员费用。

【14. 残膜收购价格】指由地膜回收单位收购时的残膜价格，计算重量时包括残膜及残膜上的土壤、植物残体和其他杂质。

【15. 棉花】不包括木棉。

【16. 中药材】指人工栽培的各种药材作物，不包括野生药材。

【17. 蔬菜】包括保护地蔬菜和露地蔬菜，不包括菜用瓜。

【18. 瓜类】包括果用瓜与菜用瓜。

【19. 种植大户】指具有较大农业经营规模、以商品化经营为主的农业经营户。满足以下条件之一的种植业农业经营户，按种植大户登记：一年一熟制地区露地种植农作物的土地达到 100 亩及以上、一年二熟及以上地区露地种植农作物的土地达到 50 亩及以上、设施农业的设施占地面积 25 亩及以上；各类农产品销售总额达到 10 万元及以上的农业经营户。

【20. 普通农户】指农业经营规模较小，满足以下条件的种植户。同时满足以下

两条：一年一熟制地区露地种植农作物的土地在 100 亩以下（不含 100 亩）、一年二熟及以上地区露地种植农作物的土地在 50 亩以下（不含 50 亩）、设施农业的设施占地面积在 25 亩以下（不含 25 亩）；各类农产品销售总额在 10 万元以下（不含 10 万元）的农户。

【21. 农民合作社】指有合作社的名称，符合《中华人民共和国农民专业合作社法》中关于合作社性质、设计条件和程序、成员权利和义务、组织机构、财务管理等要求，名称为农民合作社的农民互助性经济组织。包括已在工商部门登记，以及虽未登记但符合上述要求的农民合作社。不包括以公司名称登记注册的股份合作制企业、社区经济合作社、供销合作社、农村信用社等。

【22. 田间地膜宽度】指地膜宽度与两幅地膜之间的未覆膜区域的宽度之和。

【23. 覆膜时间】指地膜铺设时间。对于一膜两用或一膜多用种植模式，覆膜时间指新覆膜时间。

【24. 揭膜时间】作物生长期内全部或部分去除地膜的时间。

【25. 已使用地膜年数】指调查农户或地块已使用地膜的年数。

3.2 数据表描述

3.2.1 种植业播种、覆膜与机械收获面积情况表

数据表名称：planting_sow_covered

数据表中文名称：种植业播种、覆膜与机械收获面积情况

数据表编号：N201－2 表

资料来源：《关于印发〈第二次全国污染源普查制度〉的通知》（国污普〔2018〕15 号）

数据表原始表格：

县（区、市、旗）种植业播种、覆膜与机械收获面积情况

表　　号：N201－2表

区划代码：□□□□□□

制定机关：国务院第二次全国污染源普查
领导小组办公室

_____省（自治区、直辖市）

_____市（区、州、盟）

批准机关：国家统计局

_____县（区、市、旗）

批准文号：

综合机关名称（盖章）：　　　　　　　　2017 年　　有效期至：

指标名称	代码	指标值			
		播种面积（亩）	覆膜面积（亩）	机械收获面积（亩）	秸秆直接还田面积（亩）
甲	乙	1	2	3	4
一、粮食作物	01			—	—
其中：小麦	02				
玉米	03				
水稻	04				
其中：早稻	05				
中稻和一季晚稻	06				
双季晚稻	07				
薯类	08				
其中：马铃薯	09				
豆类	10			—	—
其中：大豆	11				
其他豆类	12			—	—
其他粮食作物	13				
二、经济作物	14			—	—
其中：油料作物	15			—	—
其中：油菜	16				
花生	17				
向日葵	18			—	—
棉麻作物	19			—	—
其中：棉花	20				
糖料作物	21				
其中：甘蔗	22				

（续）

指标名称	代码	指标值			
		播种面积（亩）	覆膜面积（亩）	机械收获面积（亩）	秸秆直接还田面积（亩）
甲	乙	1	2	3	4
甜菜	23			—	—
烟叶	24			—	—
木薯	25				
中药材	26			—	—
其他经济作物	27			—	—
三、蔬菜	28			—	—
其中：露地蔬菜	29			—	—
保护地蔬菜	30			—	—
四、瓜果	31			—	—
其中：西瓜	32			—	—
五、果园	33			—	—
其中：苹果	34			—	—
梨	35			—	—
葡萄	36			—	—
桃	37			—	—
柑橘	38			—	—
香蕉	39			—	—
菠萝	40			—	—
荔枝	41			—	—
其他果树	42			—	—

单位负责人：　　统计负责人（审核人）：　　填表人：　　联系电话：　　报出日期：　　年　月　日

说明：1. 本表由县（区、市、旗）农业部门根据统计数据填报。

　　　2. 审核关系：01＝02＋03＋04＋08＋10＋13；14＝15＋19＋21＋24＋25＋26＋27；28＝29＋30；33＝34＋35＋36＋37＋38＋39＋40＋41＋42。

3.2.2　乡镇地膜应用及污染调查表

数据表名称：*film_application_pollution_questionnaire_town*

数据表中文名称：乡镇地膜应用及污染调查表

数据表原始表格：

乡镇地膜应用及污染调查表

_____省（自治区、直辖市）　　_____市（区、州、盟）　　_____县（区、市、旗）

_____乡（镇、街道）　　_____部门（公章）

行政区划代码：□□□□□□-□□□（被调查单位免填，由所在地普查机构统一填写）

行政区域地理位置：中心经度_____°_____′_____″　中心纬度_____°_____′_____″　海拔高度_____米

指标名称	计量单位	代码	指标值
甲	乙	丙	1
一、种植业者基本信息	—	—	—
01. 耕地总面积	亩	D101	
02. 农村劳动力人口数	人	D102	
03. 播种面积	亩	D103	
04. 覆膜面积	亩	D104	
05. 年地膜使用总量	吨	D105	
二、地膜生产企业基本信息	—	—	—
01. 企业数量	个	D106	
02. 地膜年销售量	吨	D107	
三、地膜回收企业基本信息	—	—	—
01. 企业数量	个	D108	
02. 地膜年回收总量	吨	D109	
四、地膜回收机械基本情况	—	—	—
01. 地膜回收机械保有量	台	D110	
02. 地膜回收机械年作业面积	亩	D111	
03. 地膜回收机作业费用/亩	元	D112	
04. 地膜回收机作业效率/小时	亩	D113	
五、回收后处理方式	—	—	—
01. 回收后焚烧	％	D114	
02. 回收后填埋或废弃	％	D115	
03. 回收后由公司收购	％	D116	
04. 残膜收购价格/千克	元	D117	

指标名称	计量单位	代码	指标值	
			播种面积	覆膜种植面积
甲	乙	丙	1	2
六、农作物种植情况	亩	D118		
01. 玉米	亩	D119		
02. 水稻	亩	D120		

（续）

指标名称	计量单位	代码	指标值	
			播种面积	覆膜种植面积
甲	乙	丙	1	2
03. 小麦	亩	D121		
04. 马铃薯	亩	D122		
05. 大豆	亩	D123		
06. 花生	亩	D124		
07. 油菜	亩	D125		
08. 向日葵	亩	D126		
09. 棉花	亩	D127		
10. 烟草	亩	D128		
11. 甘蔗	亩	D129		
12. 甜菜	亩	D130		
13. 中药材	亩	D131		
14. 花卉	亩	D132		
15. 露地蔬菜	亩	D133		
16. 保护地蔬菜	亩	D134		
17. 瓜类	亩	D135		
18. 果树	亩	D136		

指标名称	计量单位	代码	指标值		
			残膜回收总面积	人工回收面积	机械回收面积
甲	乙	丙	1	2	3
七、残膜回收情况	亩	D137			
01. 玉米	亩	D138			
02. 水稻	亩	D139			
03. 小麦	亩	D140			
04. 马铃薯	亩	D141			
05. 大豆	亩	D142			
06. 花生	亩	D143			
07. 油菜	亩	D144			
08. 向日葵	亩	D145			
09. 棉花	亩	D146			
10. 烟草	亩	D147			
11. 甘蔗	亩	D148			
12. 甜菜	亩	D149			

（续）

指标名称	计量单位	代码	指标值		
			残膜回收总面积	人工回收面积	机械回收面积
甲	乙	丙	1	2	3
13. 中药材	亩	D150			
14. 花卉	亩	D151			
15. 露地蔬菜	亩	D152			
16. 保护地蔬菜	亩	D153			
17. 瓜类	亩	D154			
18. 果树	亩	D155			

县审核人（签字）：　　　　　　　　　县审核部门名称：　　　　　　　　县审核部门联系电话：

填表人（签字）：　　　　　　　　　　填表人电话：　　　　　　　　　　报出日期：　　年　　月　　日

3.2.3　农户地膜应用及污染调查表

数据表名称：film_application_pollution_questionnaire_peasant_household

数据表中文名称：农户地膜应用及污染调查表

数据表原始表格：

农户地膜应用及污染调查表

_____省（自治区、直辖市）　_____市（区、州、盟）_____县（区、市、旗）

_____乡（镇、街道）　_____村

农户姓名：_____　　　　　　联系电话：_____

区域地理位置：中心经度_____°_____′_____″　中心纬度_____°_____′_____″　海拔高度_____米

种植户类型：□普通农户　□种植大户　□农民合作社（在相应选项前打√）

指标名称	计量单位	代码	指标值
甲	乙	丙	1
一、种植户基本信息	—	—	—
01. 人口数（非合作社填写）	人	D201	
02. 农户数（合作社填写）	户	D202	
03. 耕地总面积	亩	D203	
04. 播种面积	亩	D204	
二、地膜应用与回收基本情况	—	—	—
01. 覆膜面积	亩	D205	
02. 已使用地膜年数	年	D206	
03. 年地膜使用总量	千克	D207	

（续）

指标名称	计量单位	代码	指标值
甲	乙	丙	1
04. 残膜回收总面积	亩	D208	
其中：人工捡拾面积	亩	D209	
机械回收面积	亩	D210	
三、残膜回收基本情况	—	—	—
01. 残膜回收机年作业面积	亩	D211	
02. 残膜回收机作业费用	元/亩	D212	
03. 有无残膜回收站或回收企业	—	D213	
04. 到回收站或回收企业距离	千米	D214	
05. 残膜收购价格/千克	元	D215	
06. 残膜处理方式	—	—	—
其中：回收后焚烧	%	D216	
回收后填埋或废弃	%	D217	
回收后由公司收购	%	D218	

指标名称	计量单位	代码	指标值	
			播种面积	覆膜种植面积
甲	乙	丙	1	2
四、农作物种植情况	亩	D219		
01. 玉米	亩	D220		
02. 水稻	亩	D221		
03. 小麦	亩	D222		
04. 马铃薯	亩	D223		
05. 大豆	亩	D224		
06. 花生	亩	D225		
07. 油菜	亩	D226		
08. 向日葵	亩	D227		
09. 棉花	亩	D228		
10. 烟草	亩	D229		
11. 甘蔗	亩	D230		
12. 甜菜	亩	D231		
13. 中药材	亩	D232		
14. 花卉	亩	D233		
15. 露地蔬菜	亩	D234		
16. 保护地蔬菜	亩	D235		
17. 瓜类	亩	D236		
18. 果树	亩	D237		

（续）

指标名称	计量单位	代码	指标值			
			田间播幅宽度	地膜宽度	地膜厚度	
甲	乙	丙	1	2	3	
五、地膜应用情况	—	—	—	—	d<0.008	0.008≤d≤0.010 d≥0.010
01. 玉米	毫米	D238				
02. 水稻	毫米	D239				
03. 小麦	毫米	D240				
04. 马铃薯	毫米	D241				
05. 大豆	毫米	D242				
06. 花生	毫米	D243				
07. 油菜	毫米	D244				
08. 向日葵	毫米	D245				
09. 棉花	毫米	D246				
10. 烟草	毫米	D247				
11. 甘蔗	毫米	D248				
12. 甜菜	毫米	D249				
13. 中药材	毫米	D250				
14. 花卉	毫米	D251				
15. 露地蔬菜	毫米	D252				
16. 保护地蔬菜	毫米	D253				
17. 瓜类	毫米	D254				
18. 果树	毫米	D255				

指标名称	计量单位	代码	指标值			
			播种时间	收获时间	覆膜时间	揭膜时间
甲	乙	丙	1	2	3	4
六、覆膜种植时间	—	—				—
01. 玉米	年/月/日	D256				
02. 水稻	年/月/日	D257				
03. 小麦	年/月/日	D258				
04. 马铃薯	年/月/日	D259				
05. 大豆	年/月/日	D260				
06. 花生	年/月/日	D261				
07. 油菜	年/月/日	D262				
08. 向日葵	年/月/日	D263				
09. 棉花	年/月/日	D264				

（续）

指标名称	计量单位	代码	指标值			
			播种时间	收获时间	覆膜时间	揭膜时间
甲	乙	丙	1	2	3	4
10. 烟草	年/月/日	D265				
11. 甘蔗	年/月/日	D266				
12. 甜菜	年/月/日	D267				
13. 中药材	年/月/日	D268				
14. 花卉	年/月/日	D269				
15. 露地蔬菜	年/月/日	D270				
16. 保护地蔬菜	年/月/日	D271				
17. 瓜类	年/月/日	D272				
18. 果树	年/月/日	D273				

县审核人（签字）：　　　　　　　县审核部门名称：　　　　　　　县审核部门联系电话：

填表人（签字）：　　　　　　　　填表人电话：　　　　　　　　　报出日期：　　年　　月　　日

3.3　数据字段与描述

3.3.1　种植业播种、覆膜与机械收获面积情况表字段描述

①区划代码

字段名称：code

字段中文名称：区划代码

数据类型：varchar

数据长度：255

②省（自治区、直辖市）

字段名称：province_name

字段中文名称：省（自治区、直辖市）

数据类型：varchar

数据长度：255

③市（区、州、盟）

字段名称：city_name

字段中文名称：市（区、州、盟）

数据类型：varchar

数据长度：255

④县（区、市、旗）

字段名称：county_name

字段中文名称：县（区、市、旗）

数据类型：varchar

数据长度：255

⑤综合机关名称（盖章）

字段名称：comprehensive_authority_name

字段中文名称：综合机关名称（盖章）

数据类型：varchar

数据长度：255

⑥年份

字段名称：year

字段中文名称：年份

数据类型：varchar

数据长度：255

⑦粮食作物播种面积（亩）

字段名称：sown_area_food_crop

字段中文名称：粮食作物播种面积（亩）

数据类型：float8

数据长度：53

⑧粮食作物覆膜面积（亩）

字段名称：covered_area_food_crop

字段中文名称：粮食作物覆膜面积（亩）

数据类型：float8

数据长度：53

⑨小麦播种面积（亩）

字段名称：sown_area_wheat

字段中文名称：小麦播种面积（亩）

数据类型：float8

数据长度：53

⑩小麦覆膜面积（亩）

字段名称：covered_area_wheat

字段中文名称：小麦覆膜面积（亩）

数据类型：float8

数据长度：53

⑪小麦机械收获面积（亩）

字段名称：mechanical_area_wheat

字段中文名称：小麦机械收获面积（亩）

数据类型：float8

数据长度：53

⑫小麦秸秆直接还田面积（亩）

字段名称：return_area_wheat

字段中文名称：小麦秸秆直接还田面积（亩）

数据类型：float8

数据长度：53

⑬玉米播种面积（亩）

字段名称：sown_area_corn

字段中文名称：玉米播种面积（亩）

数据类型：float8

数据长度：53

⑭玉米覆膜面积（亩）

字段名称：covered_area_corn

字段中文名称：玉米覆膜面积（亩）

数据类型：float8

数据长度：53

⑮玉米机械收获面积（亩）

字段名称：mechanical_area_corn

字段中文名称：玉米机械收获面积(亩)

数据类型：float8

数据长度：53

⑯玉米秸秆直接还田面积（亩）

字段名称：return_area_corn

字段中文名称：玉米秸秆直接还田面积（亩）

数据类型：float8

数据长度：53

⑰**水稻播种面积（亩）**

字段名称：sown_area_rice

字段中文名称：水稻播种面积（亩）

数据类型：float8

数据长度：53

⑱**水稻覆膜面积（亩）**

字段名称：covered_area_rice

字段中文名称：水稻覆膜面积（亩）

数据类型：float8

数据长度：53

⑲**水稻机械收获面积（亩）**

字段名称：mechanical_area_rice

字段中文名称：水稻机械收获面积（亩）

数据类型：float8

数据长度：53

⑳**水稻秸秆直接还田面积（亩）**

字段名称：return_area_rice

字段中文名称：水稻秸秆直接还田面积
（亩）

数据类型：float8

数据长度：53

㉑**早稻播种面积（亩）**

字段名称：sown_area_early_rice

字段中文名称：早稻播种面积（亩）

数据类型：float8

数据长度：53

㉒**早稻覆膜面积（亩）**

字段名称：covered_area_early_rice

字段中文名称：早稻覆膜面积（亩）

数据类型：float8

数据长度：53

㉓**早稻机械收获面积（亩）**

字段名称：mechanical_area_early_rice

字段中文名称：早稻机械收获面积（亩）

数据类型：float8

数据长度：53

㉔**早稻秸秆直接还田面积（亩）**

字段名称：return_area_early_rice

字段中文名称：早稻秸秆直接还田面积
（亩）

数据类型：float8

数据长度：53

㉕**中稻和一季晚稻播种面积（亩）**

字段名称：sown_area_middle_rice

字段中文名称：中稻和一季晚稻播种面
积（亩）

数据类型：float8

数据长度：53

㉖**中稻和一季晚稻覆膜面积（亩）**

字段名称：covered_area_middle_rice

字段中文名称：中稻和一季晚稻覆膜面
积（亩）

数据类型：float8

数据长度：53

㉗**中稻和一季晚稻机械收获面积（亩）**

字段名称：mechanical_area_middle_rice

字段中文名称：中稻和一季晚稻机械收

获面积（亩）

数据类型：float8

数据长度：53

㉘中稻和一季晚稻秸秆直接还田面积（亩）

字段名称：return_area_middle_rice

字段中文名称：中稻和一季晚稻秸秆直接还田面积（亩）

数据类型：float8

数据长度：53

㉙双季晚稻播种面积（亩）

字段名称：sown_area_double_laterice

字段中文名称：双季晚稻播种面积（亩）

数据类型：float8

数据长度：53

㉚双季晚稻覆膜面积（亩）

字段名称：covered_area_double_laterice

字段中文名称：双季晚稻覆膜面积（亩）

数据类型：float8

数据长度：53

㉛双季晚稻机械收获面积（亩）

字段名称：mechanical_area_double_laterice

字段中文名称：双季晚稻机械收获面积（亩）

数据类型：float8

数据长度：53

㉜双季晚稻秸秆直接还田面积（亩）

字段名称：return_area_double_laterice

字段中文名称：双季晚稻秸秆直接还田面积（亩）

数据类型：float8

数据长度：53

㉝薯类播种面积（亩）

字段名称：sown_area_tubers

字段中文名称：薯类播种面积（亩）

数据类型：float8

数据长度：53

㉞薯类覆膜面积（亩）

字段名称：covered_area_tubers

字段中文名称：薯类覆膜面积（亩）

数据类型：float8

数据长度：53

㉟薯类机械收获面积（亩）

字段名称：mechanical_area_tubers

字段中文名称：薯类机械收获面积（亩）

数据类型：float8

数据长度：53

㊱薯类秸秆直接还田面积（亩）

字段名称：return_area_tubers

字段中文名称：薯类秸秆直接还田面积（亩）

数据类型：float8

数据长度：53

㊲马铃薯播种面积（亩）

字段名称：sown_area_potato

字段中文名称：马铃薯播种面积（亩）

数据类型：float8

数据长度：53

㊳马铃薯覆膜面积（亩）

字段名称：covered_area_potato
字段中文名称：马铃薯覆膜面积（亩）
数据类型：float8
数据长度：53

㊴马铃薯机械收获面积（亩）

字段名称：mechanical_area_potato
字段中文名称：马铃薯机械收获面积
（亩）
数据类型：float8
数据长度：53

㊵马铃薯秸秆直接还田面积（亩）

字段名称：return_area_potato
字段中文名称：马铃薯秸秆直接还田面
积（亩）
数据类型：float8
数据长度：53

㊶豆类播种面积（亩）

字段名称：sown_area_beans
字段中文名称：豆类播种面积（亩）
数据类型：float8
数据长度：53

㊷豆类覆膜面积（亩）

字段名称：covered_area_beans
字段中文名称：豆类覆膜面积（亩）
数据类型：float8
数据长度：53

㊸大豆播种面积（亩）

字段名称：sown_area_soya
字段中文名称：大豆播种面积（亩）
数据类型：float8
数据长度：53

㊹大豆覆膜面积（亩）

字段名称：covered_area_soya
字段中文名称：大豆覆膜面积（亩）
数据类型：float8
数据长度：53

㊺大豆机械收获面积（亩）

字段名称：mechanical_area_soya
字段中文名称：大豆机械收获面积（亩）
数据类型：float8
数据长度：53

㊻大豆秸秆直接还田面积（亩）

字段名称：return_area_soya
字段中文名称：大豆秸秆直接还田面积
（亩）
数据类型：float8
数据长度：53

㊼其他豆类播种面积（亩）

字段名称：sown_area_other_beans
字段中文名称：其他豆类播种面积（亩）
数据类型：float8
数据长度：53

㊽其他豆类覆膜面积（亩）

字段名称：covered_area_other_beans

字段中文名称：其他豆类覆膜面积（亩）
数据类型：float8
数据长度：53

㊾其他粮食作物播种面积（亩）

字段名称：sown_area_other_food_crop
字段中文名称：其他粮食作物播种面积（亩）
数据类型：float8
数据长度：53

㊿其他粮食作物覆膜面积（亩）

字段名称：covered_area_other_food_crop
字段中文名称：其他粮食作物覆膜面积（亩）
数据类型：float8
数据长度：53

(51)经济作物播种面积（亩）

字段名称：sown_area_economics_crop
字段中文名称：经济作物播种面积（亩）
数据类型：float8
数据长度：53

(52)经济作物覆膜面积（亩）

字段名称：covered_area_economics_crop
字段中文名称：经济作物覆膜面积（亩）
数据类型：float8
数据长度：53

(53)油料作物播种面积（亩）

字段名称：sown_area_oilseeds_crop
字段中文名称：油料作物播种面积（亩）
数据类型：float8
数据长度：53

(54)油料作物覆膜面积（亩）

字段名称：covered_area_oilseeds_crop
字段中文名称：油料作物覆膜面积（亩）
数据类型：float8
数据长度：53

(55)油菜播种面积（亩）

字段名称：sown_area_rape
字段中文名称：油菜播种面积（亩）
数据类型：float8
数据长度：53

(56)油菜覆膜面积（亩）

字段名称：covered_area_rape
字段中文名称：油菜覆膜面积（亩）
数据类型：float8
数据长度：53

(57)油菜机械收获面积（亩）

字段名称：mechanical_area_rape
字段中文名称：油菜机械收获面积（亩）
数据类型：float8
数据长度：53

(58)油菜秸秆直接还田面积（亩）

字段名称：return_area_rape
字段中文名称：油菜秸秆直接还田面积（亩）
数据类型：float8
数据长度：53

㊄花生播种面积（亩）

字段名称：sown_area_peanut

字段中文名称：花生播种面积（亩）

数据类型：float8

数据长度：53

⑩花生覆膜面积（亩）

字段名称：covered_area_peanut

字段中文名称：花生覆膜面积（亩）

数据类型：float8

数据长度：53

㉑花生机械收获面积（亩）

字段名称：mechanical_area_peanut

字段中文名称：花生机械收获面积（亩）

数据类型：float8

数据长度：53

㉒花生秸秆直接还田面积（亩）

字段名称：return_area_peanut

字段中文名称：花生秸秆直接还田面积
（亩）

数据类型：float8

数据长度：53

㉓向日葵播种面积（亩）

字段名称：sown_area_sunflower

字段中文名称：向日葵播种面积（亩）

数据类型：float8

数据长度：53

㉔向日葵覆膜面积（亩）

字段名称：covered_area_sunflower

字段中文名称：向日葵覆膜面积（亩）

数据类型：float8

数据长度：53

㉕棉麻作物播种面积（亩）

字段名称：sown_area_cotton_crop

字段中文名称：棉麻作物播种面积（亩）

数据类型：float8

数据长度：53

㉖棉麻作物覆膜面积（亩）

字段名称：covered_area_cotton_crop

字段中文名称：棉麻作物覆膜面积（亩）

数据类型：float8

数据长度：53

㉗棉花播种面积（亩）

字段名称：sown_area_cotton

字段中文名称：棉花播种面积（亩）

数据类型：float8

数据长度：53

㉘棉花覆膜面积（亩）

字段名称：covered_area_cotton

字段中文名称：棉花覆膜面积（亩）

数据类型：float8

数据长度：53

㉙棉花机械收获面积（亩）

字段名称：mechanical_area_cotton

字段中文名称：棉花机械收获面积（亩）

数据类型：float8

数据长度：53

⑦棉花秸秆直接还田面积（亩）

字段名称：return_area_cotton
字段中文名称：棉花秸秆直接还田面积
（亩）
数据类型：float8
数据长度：53

⑦糖料作物播种面积（亩）

字段名称：sown_area_sugar_crop
字段中文名称：糖料作物播种面积（亩）
数据类型：float8
数据长度：53

⑦糖料作物覆膜面积（亩）

字段名称：covered_area_sugar_crop
字段中文名称：糖料作物覆膜面积（亩）
数据类型：float8
数据长度：53

⑦糖料作物机械收获面积（亩）

字段名称：mechanical_area_sugar_crop
字段中文名称：糖料作物机械收获面积
（亩）
数据类型：float8
数据长度：53

⑦糖料作物秸秆直接还田面积（亩）

字段名称：return_area_sugar_crop
字段中文名称：糖料作物秸秆直接还田
面积（亩）
数据类型：float8
数据长度：53

⑦甘蔗播种面积（亩）

字段名称：sown_area_sugar_cane
字段中文名称：甘蔗播种面积（亩）
数据类型：float8
数据长度：53

⑦甘蔗覆膜面积（亩）

字段名称：covered_area_sugar_cane
字段中文名称：甘蔗覆膜面积（亩）
数据类型：float8
数据长度：53

⑦甘蔗机械收获面积（亩）

字段名称：mechanical_area_sugar_cane
字段中文名称：甘蔗机械收获面积（亩）
数据类型：float8
数据长度：53

⑦甘蔗秸秆直接还田面积（亩）

字段名称：return_area_sugar_cane
字段中文名称：甘蔗秸秆直接还田面积
（亩）
数据类型：float8
数据长度：53

⑦甜菜播种面积（亩）

字段名称：sown_area_beet
字段中文名称：甜菜播种面积（亩）
数据类型：float8
数据长度：53

⑧甜菜覆膜面积（亩）

字段名称：covered_area_beet

字段中文名称：甜菜覆膜面积（亩）

数据类型：float8

数据长度：53

⑧烟叶播种面积（亩）

字段名称：sown_area_tobacco

字段中文名称：烟叶播种面积（亩）

数据类型：float8

数据长度：53

⑧烟叶覆膜面积（亩）

字段名称：covered_area_tobacco

字段中文名称：烟叶覆膜面积（亩）

数据类型：float8

数据长度：53

⑧木薯播种面积（亩）

字段名称：sown_area_cassava

字段中文名称：木薯播种面积（亩）

数据类型：float8

数据长度：53

⑧木薯覆膜面积（亩）

字段名称：covered_area_cassava

字段中文名称：木薯覆膜面积（亩）

数据类型：float8

数据长度：53

⑧木薯机械收获面积（亩）

字段名称：mechanical_area_cassava

字段中文名称：木薯机械收获面积（亩）

数据类型：float8

数据长度：53

⑧木薯秸秆直接还田面积（亩）

字段名称：return_area_cassava

字段中文名称：木薯秸秆直接还田面积（亩）

数据类型：float8

数据长度：53

⑧中药材播种面积（亩）

字段名称：sown_area_medicinal_materials

字段中文名称：中药材播种面积（亩）

数据类型：float8

数据长度：53

⑧中药材覆膜面积（亩）

字段名称：covered_area_medicinal_materials

字段中文名称：中药材覆膜面积（亩）

数据类型：float8

数据长度：53

⑧其他经济作物播种面积（亩）

字段名称：sown_area_other_economics_crop

字段中文名称：其他经济作物播种面积（亩）

数据类型：float8

数据长度：53

⑨其他经济作物覆膜面积（亩）

字段名称：covered_area_other_economics_crop

字段中文名称：其他经济作物覆膜面积（亩）

数据类型：float8

数据长度：53

91 蔬菜播种面积（亩）

字段名称：sown_area_vegetables

字段中文名称：蔬菜播种面积（亩）

数据类型：float8

数据长度：53

92 蔬菜覆膜面积（亩）

字段名称：covered_area_vegetables

字段中文名称：蔬菜覆膜面积（亩）

数据类型：float8

数据长度：53

93 露地蔬菜播种面积（亩）

字段名称：sown_area_open_field

字段中文名称：露地蔬菜播种面积（亩）

数据类型：float8

数据长度：53

94 露地蔬菜覆膜面积（亩）

字段名称：covered_area_open_field

字段中文名称：露地蔬菜覆膜面积（亩）

数据类型：float8

数据长度：53

95 保护地蔬菜播种面积（亩）

字段名称：sown_area_protect

字段中文名称：保护地蔬菜播种面积（亩）

数据类型：float8

数据长度：53

96 保护地蔬菜覆膜面积（亩）

字段名称：covered_area_protect

字段中文名称：保护地蔬菜覆膜面积（亩）

数据类型：float8

数据长度：53

97 瓜果播种面积（亩）

字段名称：sown_area_fruit

字段中文名称：瓜果播种面积（亩）

数据类型：float8

数据长度：53

98 瓜果覆膜面积（亩）

字段名称：covered_area_fruit

字段中文名称：瓜果覆膜面积（亩）

数据类型：float8

数据长度：53

99 西瓜播种面积（亩）

字段名称：sown_area_watermelon

字段中文名称：西瓜播种面积（亩）

数据类型：float8

数据长度：53

100 西瓜覆膜面积（亩）

字段名称：covered_area_watermelon

字段中文名称：西瓜覆膜面积（亩）

数据类型：float8

数据长度：53

101 果园播种面积（亩）

字段名称：sown_area_orchard

字段中文名称：果园播种面积（亩）

数据类型：float8

数据长度：53

⑩果园覆膜面积（亩）

字段名称：covered_area_orchard

字段中文名称：果园覆膜面积（亩）

数据类型：float8

数据长度：53

⑩苹果播种面积（亩）

字段名称：sown_area_apple

字段中文名称：苹果播种面积（亩）

数据类型：float8

数据长度：53

⑩苹果覆膜面积（亩）

字段名称：covered_area_apple

字段中文名称：苹果覆膜面积（亩）

数据类型：float8

数据长度：53

⑩梨播种面积（亩）

字段名称：sown_area_pear

字段中文名称：梨播种面积（亩）

数据类型：float8

数据长度：53

⑩梨覆膜面积（亩）

字段名称：covered_area_pear

字段中文名称：梨覆膜面积（亩）

数据类型：float8

数据长度：53

⑩葡萄播种面积（亩）

字段名称：sown_area_grape

字段中文名称：葡萄播种面积（亩）

数据类型：float8

数据长度：53

⑩葡萄覆膜面积（亩）

字段名称：covered_area_grape

字段中文名称：葡萄覆膜面积（亩）

数据类型：float8

数据长度：53

⑩桃播种面积（亩）

字段名称：sown_area_peach

字段中文名称：桃播种面积（亩）

数据类型：float8

数据长度：53

⑩桃覆膜面积（亩）

字段名称：covered_area_peach

字段中文名称：桃覆膜面积（亩）

数据类型：float8

数据长度：53

⑪柑橘播种面积（亩）

字段名称：sown_area_orange

字段中文名称：柑橘播种面积（亩）

数据类型：float8

数据长度：53

⑪柑橘覆膜面积（亩）

字段名称：covered_area_orange

字段中文名称：柑橘覆膜面积（亩）

数据类型：float8

数据长度：53

⑬香蕉播种面积（亩）

字段名称：sown_area_banana

字段中文名称：香蕉播种面积（亩）

数据类型：float8

数据长度：53

⑭香蕉覆膜面积（亩）

字段名称：covered_area_banana

字段中文名称：香蕉覆膜面积（亩）

数据类型：float8

数据长度：53

⑮菠萝播种面积（亩）

字段名称：sown_area_pineapple

字段中文名称：菠萝播种面积（亩）

数据类型：float8

数据长度：53

⑯菠萝覆膜面积（亩）

字段名称：covered_area_pineapple

字段中文名称：菠萝覆膜面积（亩）

数据类型：float8

数据长度：53

⑰荔枝播种面积（亩）

字段名称：sown_area_litchi

字段中文名称：荔枝播种面积（亩）

数据类型：float8

数据长度：53

⑱荔枝覆膜面积（亩）

字段名称：covered_area_litchi

字段中文名称：荔枝覆膜面积（亩）

数据类型：float8

数据长度：53

⑲其他果树播种面积（亩）

字段名称：sown_area_other_orchard

字段中文名称：其他果树播种面积（亩）

数据类型：float8

数据长度：53

⑳其他果树覆膜面积（亩）

字段名称：covered_area_other_orchard

字段中文名称：其他果树覆膜面积（亩）

数据类型：float8

数据长度：53

㉑单位负责人

字段名称：company_responsible_people

字段中文名称：单位负责人

数据类型：varchar

数据长度：255

㉒统计负责人（审核人）

字段名称：statistics_responsible_people

字段中文名称：统计负责人（审核人）

数据类型：varchar

数据长度：255

㉓填表人

字段名称：fill_people

字段中文名称：填表人

数据类型：varchar

数据长度：255

⑭联系电话

字段名称：telephone_num

字段中文名称：联系电话

数据类型：varchar

数据长度：255

⑮报出日期

字段名称：report_date

字段中文名称：报出日期

数据类型：varchar

数据长度：255

3.3.2 乡镇地膜应用及污染调查表字段描述

①唯一 id

字段名称：id

字段中文名称：唯一 id

数据类型：varchar

数据长度：255

②省（自治区、直辖市）

字段名称：province_name

字段中文名称：省（自治区、直辖市）

数据类型：varchar

数据长度：255

③市（区、州、盟）

字段名称：city_name

字段中文名称：市（区、州、盟）

数据类型：varchar

数据长度：255

④县（区、市、旗）

字段名称：county_name

字段中文名称：县（区、市、旗）

数据类型：varchar

数据长度：255

⑤乡（镇、街道）

字段名称：town_name

字段中文名称：乡（镇、街道）

数据类型：varchar

数据长度：255

⑥部门（公章）

字段名称：department_name

字段中文名称：部门（公章）

数据类型：varchar

数据长度：255

⑦行政区划代码

字段名称：ad_code

字段中文名称：行政区划代码

数据类型：varchar

数据长度：255

⑧中心经度

字段名称：lon

字段中文名称：中心经度

数据类型：float8

数据长度：53

⑨中心纬度

字段名称：lat

字段中文名称：中心纬度

数据类型：float8

数据长度：53

⑩海拔高度

字段名称：altitude

字段中文名称：海拔高度

数据类型：float8

数据长度：53

⑪耕地总面积

字段名称：total_cultivated_land_area

字段中文名称：耕地总面积

数据类型：float8

数据长度：53

⑫农村劳动力人口数

字段名称：rural_labor_force_population

字段中文名称：农村劳动力人口数

数据类型：int4

数据长度：32

⑬播种面积

字段名称：sow_area

字段中文名称：播种面积

数据类型：float8

数据长度：53

⑭覆膜面积

字段名称：film_area

字段中文名称：覆膜面积

数据类型：float8

数据长度：53

⑮年地膜使用总量

字段名称：year_film_use_value

字段中文名称：年地膜使用总量

数据类型：float8

数据长度：53

⑯生产企业数量

字段名称：film_production_enterprises_quantity

字段中文名称：生产企业数量

数据类型：float8

数据长度：53

⑰地膜年销售量

字段名称：film_annual_sales_value

字段中文名称：地膜年销售量

数据类型：float8

数据长度：53

⑱回收企业数量

字段名称：film_recover_enterprises_quantity

字段中文名称：回收企业数量

数据类型：int4

数据长度：32

⑲地膜年回收总量

字段名称：film_annual_recover_value

字段中文名称：地膜年回收总量

数据类型：float8

数据长度：53

⑳**地膜回收机械保有量**

字段名称：film_recover_machinery_
retention

字段中文名称：地膜回收机械保有量

数据类型：float8

数据长度：53

㉑**地膜回收机械年作业面积**

字段名称：film_recover_machinery_
operating_area

字段中文名称：地膜回收机械年作业
面积

数据类型：float8

数据长度：53

㉒**地膜回收机作业费用/亩**

字段名称：film_recover_machinery_opex

字段中文名称：地膜回收机作业费用/亩

数据类型：float8

数据长度：53

㉓**地膜回收机作业效率/小时**

字段名称：film_recover_machinery_
operating_efficiency

字段中文名称：地膜回收机作业效率/
小时

数据类型：float8

数据长度：53

㉔**回收后焚烧**

字段名称：incineration_after_recover

字段中文名称：回收后焚烧

数据类型：float8

数据长度：53

㉕**回收后填埋或废弃**

字段名称：landfill_or_waste_after_recover

字段中文名称：回收后填埋或废弃

数据类型：float8

数据长度：53

㉖**回收后由公司收购**

字段名称：company_acquisition_after_
recover

字段中文名称：回收后由公司收购

数据类型：float8

数据长度：53

㉗**残膜收购价格/千克**

字段名称：residual_membrane_purcha-
sing_price

字段中文名称：残膜收购价格/千克

数据类型：float8

数据长度：53

㉘**县审核人**

字段名称：county_reviewer

字段中文名称：县审核人

数据类型：varchar

数据长度：255

㉙**县审核部门名称**

字段名称：county_audit_department_
name

字段中文名称：县审核部门名称

数据类型：varchar

数据长度：255

㉚县审核部门联系电话

字段名称：county_audit_department_
phone

字段中文名称：县审核部门联系电话

数据类型：varchar

数据长度：255

㉛填表人

字段名称：preparer

字段中文名称：填表人

数据类型：varchar

数据长度：255

㉜填表人电话

字段名称：preparer_phone

字段中文名称：填表人电话

数据类型：varchar

数据长度：255

㉝报出日期

字段名称：report_date

字段中文名称：报出日期

数据类型：varchar

数据长度：255

㉞作物名称

字段名称：crop_name

字段中文名称：作物名称

数据类型：varchar

数据长度：255

㉟覆膜种植面积

字段名称：film_covered_plant_area

字段中文名称：覆膜种植面积

数据类型：float8

数据长度：53

㊱残膜回收总面积

字段名称：residual_membrane_recover_
area

字段中文名称：残膜回收总面积

数据类型：float8

数据长度：53

㊲人工回收总面积

字段名称：manual_recover_area

字段中文名称：人工回收总面积

数据类型：float8

数据长度：53

㊳机械回收面积

字段名称：mechanics_recover_area

字段中文名称：机械回收面积

数据类型：float8

数据长度：53

㊴主表 id

字段名称：film_application_pollution_
questionnaire_town_id

字段中文名称：主表 id

数据类型：varchar

数据长度：255

3.3.3 农户地膜应用及污染调查表字段描述

① 唯一 id

字段名称：id
字段中文名称：唯一 id
数据类型：varchar
数据长度：255

② 省（自治区、直辖市）

字段名称：province_name
字段中文名称：省（自治区、直辖市）
数据类型：varchar
数据长度：255

③ 市（区、州、盟）

字段名称：city_name
字段中文名称：市（区、州、盟）
数据类型：varchar
数据长度：255

④ 县（区、市、旗）

字段名称：county_name
字段中文名称：县（区、市、旗）
数据类型：varchar
数据长度：255

⑤ 乡（镇、街道）

字段名称：town_name
字段中文名称：乡（镇、街道）
数据类型：varchar
数据长度：255

⑥ 村

字段名称：village

字段中文名称：村
数据类型：varchar
数据长度：255

⑦ 行政区划代码

字段名称：ad_code
字段中文名称：行政区划代码
数据类型：varchar
数据长度：255

⑧ 农户姓名

字段名称：peasant_household_name
字段中文名称：农户姓名
数据类型：varchar
数据长度：255

⑨ 联系电话

字段名称：peasant_household_phone
字段中文名称：联系电话
数据类型：varchar
数据长度：255

⑩ 中心经度

字段名称：lon
字段中文名称：中心经度
数据类型：float8
数据长度：53

⑪ 中心纬度

字段名称：lat
字段中文名称：中心纬度
数据类型：float8

数据长度：53

⑫海拔高度

字段名称：altitude

字段中文名称：海拔高度

数据类型：float8

数据长度：53

⑬种植户类型

字段名称：planter_type

字段中文名称：种植户类型

数据类型：int2

数据长度：16

⑭人口数（非合作社填写）

字段名称：population

字段中文名称：人口数（非合作社填写）

数据类型：int4

数据长度：32

⑮农户数（合作社填写）

字段名称：peasant_household_num

字段中文名称：农户数（合作社填写）

数据类型：int4

数据长度：32

⑯耕地总面积

字段名称：total_cultivated_land_area

字段中文名称：耕地总面积

数据类型：float8

数据长度：53

⑰播种面积

字段名称：sow_area

字段中文名称：播种面积

数据类型：float8

数据长度：53

⑱覆膜面积

字段名称：film_area

字段中文名称：覆膜面积

数据类型：float8

数据长度：53

⑲已使用地膜年数

字段名称：film_use_years

字段中文名称：已使用地膜年数

数据类型：float8

数据长度：53

⑳年地膜使用总量

字段名称：year_film_use_value

字段中文名称：年地膜使用总量

数据类型：float8

数据长度：53

㉑残膜回收总面积

字段名称：residual_membrane_recover_area

字段中文名称：残膜回收总面积

数据类型：float8

数据长度：53

㉒人工捡拾面积

字段名称：manual_recover_area

字段中文名称：人工捡拾面积

数据类型：float8

数据长度：53

㉓**机械回收面积**

字段名称：mechanics_recover_area
字段中文名称：机械回收面积
数据类型：float8
数据长度：53

㉔**残膜回收机年作业面积**

字段名称：film_recover_machinery_operating_area
字段中文名称：残膜回收机年作业面积
数据类型：float8
数据长度：53

㉕**残膜回收机作业费用**

字段名称：film_recover_machinery_opex
字段中文名称：残膜回收机作业费用
数据类型：float8
数据长度：53

㉖**有无残膜回收站或回收企业**

字段名称：have_recycling_enterprise
字段中文名称：有无残膜回收站或回收企业
数据类型：float8
数据长度：53

㉗**到回收站或回收企业距离**

字段名称：recycling_enterprise_distance
字段中文名称：到回收站或回收企业距离
数据类型：float8
数据长度：53

㉘**残膜收购价格/千克**

字段名称：residual_membrane_purchasing_price
字段中文名称：残膜收购价格/千克
数据类型：float8
数据长度：53

㉙**回收后焚烧**

字段名称：incineration_after_recover
字段中文名称：回收后焚烧
数据类型：float8
数据长度：53

㉚**回收后填埋或废弃**

字段名称：landfill_or_waste_after_recover
字段中文名称：回收后填埋或废弃
数据类型：float8
数据长度：53

㉛**回收后由公司收购**

字段名称：company_acquisition_after_recover
字段中文名称：回收后由公司收购
数据类型：float8
数据长度：53

㉜**县审核人**

字段名称：county_reviewer
字段中文名称：县审核人
数据类型：varchar
数据长度：255

㉝**县审核部门名称**

字段名称：county_audit_department_name

字段中文名称：县审核部门名称

数据类型：varchar

数据长度：255

㉞县审核部门联系电话

字段名称：county_audit_department_
phone

字段中文名称：县审核部门联系电话

数据类型：varchar

数据长度：255

㉟填表人

字段名称：preparer

字段中文名称：填表人

数据类型：varchar

数据长度：255

㊱填表人电话

字段名称：preparer_phone

字段中文名称：填表人电话

数据类型：varchar

数据长度：255

㊲报出日期

字段名称：report_date

字段中文名称：报出日期

数据类型：varchar

数据长度：255

㊳作物名称

字段名称：crop_name

字段中文名称：作物名称

数据类型：varchar

数据长度：255

㊴覆膜种植面积

字段名称：film_covered_plant_area

字段中文名称：覆膜种植面积

数据类型：float8

数据长度：53

㊵田间播幅宽度

字段名称：field_width

字段中文名称：播种面积

数据类型：float8

数据长度：53

㊶地膜宽度

字段名称：film_width

字段中文名称：播种面积

数据类型：float8

数据长度：53

㊷地膜厚度

字段名称：film_thickness

字段中文名称：播种面积

数据类型：float8

数据长度：53

㊸播种时间

字段名称：sow_time

字段中文名称：播种时间

数据类型：timestamp

数据长度：6

㊹收获时间

字段名称：harvest_time

字段中文名称：收获时间

数据类型：timestamp

数据长度：6

㊺覆膜时间

字段名称：film_covering_time

字段中文名称：覆膜时间

数据类型：timestamp

数据长度：6

㊻揭膜时间

字段名称：stripping_time

字段中文名称：揭膜时间

数据类型：timestamp

数据长度：6

㊼主表 id

字段名称：film_application_pollution_questionnaire_peasant_household_id

字段中文名称：主表 id

数据类型：varchar

数据长度：255

4 秸秆产生及利用

4.1 主要术语与解释

4.1.1 农户抽样调查表指标解释

【1. 农户】既包括从事农作物种植的普通小农户，也包括将其他农户的土地承包、流转、租赁过来进行农作物专业种植的专业种植大户、家庭农场和专业合作社。其核心是当年实际进行过农作物种植活动。若该农户确权的耕地当年全部租赁、流转给他人，即 A008＝A007 时，应追踪到承包耕种该户耕地的农户完成问卷调查。若承包农户已经是抽样农户，则应在本村重新随机选择一户实际从事农作物种植的非抽样农户完成问卷。如果被调查对象是从事有农作物种植活动的家庭农场或合作社，在登记被调查人姓名后面加括号附填该农场或合作社的名称。

【2. 您家确权（承包）的耕地面积】指真正属于您的耕地面积，不包括您通过付费等途径租种、代种他人的耕地，即不包括 A009 部分所指耕地。

【3. 播种面积】指您家 2017 年实际种植的土地面积，既包括自家土地（A007），也包括您流转来的土地（A009）。

【4. 自产秸秆】专指您自家农田所产秸秆的利用情况，不包括您从其他地方购买或其他人赠送给您的部分；本调查中的稻草不包括稻壳，玉米秸不包括玉米芯，花生秧不包括花生壳，甘蔗叶梢不包括蔗渣，下同。

【5. 秸秆肥料化利用】包括秸秆直接还田和间接还田，即通过秸秆直接还田、堆沤还田、腐熟还田、生物反应堆、生产有机肥技术等途径，将可收集利用的农作物秸秆以有机肥料的形式施入农田。秸秆直接还田是指秸秆不离开田块直接在本地块就地还田；秸秆间接还田是指通过秸秆堆沤、腐熟、生物反应堆等方式进行还田。

【6. 秸秆燃料化利用】主要指将秸秆直接燃用，用于农户炊事、冬季取暖等，也包括通过沼气、热解气化、固化成型、发电等利用方式，将秸秆转化为清洁能源。

【7. 秸秆饲料化利用】是指农作物秸秆离田收集后，经过青黄贮、氨化、压块、揉搓丝化等技术处理用作牲畜饲料。

【8. 秸秆基料化利用】是指利用秸秆种植食用菌，或直接生产食用菌基质、育苗

基质或其他栽培基质。

【9. 秸秆原料化利用】是指利用秸秆生产人造板材、复合材料、清洁制浆、木糖醇生产、可降解包装材料、墙体材料、盆钵、造纸、编织、建筑材料、养殖垫料等。

【10. 收集他人秸秆】是指您从其他地方购买或其他人赠送给您的秸秆。

4.1.2 秸秆利用企业普查表指标解释

【1. 秸秆燃料化利用企业/合作社】包括秸秆发电、秸秆固化成型燃料、秸秆沼气集中供气工程、秸秆热解气化等在工商管理部门办理备案登记的企业或合作社。本表所填数据均为 2017 年数据。秸秆利用数量填写秸秆风干重，含水率 15％。稻草不统计稻壳部分，玉米秸不统计玉米芯部分，花生秧不统计花生壳部分，甘蔗叶梢不统计蔗渣。

【2. 自种/收购/收集秸秆】自种秸秆是指一些企业自身种植农作物，并将自种的农作物秸秆用作相关原料加以利用；收购/收集秸秆是指企业从农户或收储运组织购买秸秆，或者自己组织人员到农户农田收储秸秆。

【3. 秸秆饲料化利用企业/合作社】是指在工商管理部门办理备案登记的规模化养殖企业/合作社、养殖大户或秸秆饲料加工企业/合作社。不包括只养殖且只从其他秸秆饲料化利用企业购买加工后的秸秆饲料产品（包括青黄贮、膨化、揉搓丝化、裹包微贮、颗粒、压块等），不自行收集秸秆或自种秸秆作为饲料的养殖企业/合作社。

【4. 年秸秆利用量】为 2017 年数据。这里填写的秸秆利用量是指秸秆饲料化利用企业自种或从农户/收储运组织收集或收购的秸秆，不包括从秸秆饲料化利用企业购买的加工后的秸秆饲料产品。年秸秆利用量为含水率为 15％的秸秆风干重。如果是外购青贮秸秆，按照购买青贮秸秆重量：秸秆风干重＝3：1 的比例折算为秸秆风干重后填写。外购黄贮、颗粒、压块、揉搓丝化、膨化等加工产品均忽略加工损耗和水分含量，默认为秸秆产品重量＝秸秆风干重。稻草不统计稻壳部分，玉米秸不统计玉米芯部分，花生秧不统计花生壳部分，甘蔗叶梢不统计蔗渣。玉米秸包括籽实玉米和粮饲兼用玉米，全株整体收获的专用青饲玉米不统计。

【5. 秸秆基料化企业/合作社】是指在工商管理部门办理备案登记的食用菌种植或生产秸秆基料的企业/合作社。本表所填数据均为 2017 年数据。秸秆利用数量填写秸秆风干重，含水率 15％。稻草不统计稻壳部分，玉米秸不统计玉米芯部分，花生秧不统计花生壳部分，甘蔗叶梢不统计蔗渣。

【6. 秸秆有机肥生产企业/合作社】是指具有企业法人资格的企业和独立法人资格的合作社。本表所填数据均为 2017 年数据。秸秆利用数量填写秸秆风干重，含水率 15％。稻草不统计稻壳部分，玉米秸不统计玉米芯部分，花生秧不统计花生壳部

分，甘蔗叶梢不统计蔗渣。

【7.秸秆原料化利用企业/合作社】是指具有企业法人资格的企业和独立法人资格的合作社。本表所填数据均为 2017 年数据。秸秆利用数量填写秸秆风干重，含水率 15%。稻草不统计稻壳部分，玉米秸不统计玉米芯部分，花生秧不统计花生壳部分，甘蔗叶梢不统计蔗渣。

4.2　数据表描述

4.2.1　农作物秸秆利用情况表

数据表名称：planting_straw_use_statistics

数据表中文名称：农作物秸秆利用情况

数据表编号：N201－3 表

资料来源：《关于印发〈第二次全国污染源普查制度〉的通知》（国污普〔2018〕15 号）

数据表原始表格：

县（区、市、旗）农作物秸秆利用情况

		表　　　号：N201－3 表
区划代码：□□□□□□		制定机关：国务院第二次全国污染源普查
＿＿＿＿＿＿＿省（自治区、直辖市）		领导小组办公室
＿＿＿＿＿＿＿市（区、州、盟）		批准机关：国家统计局
＿＿＿＿＿＿＿县（区、市、旗）		批准文号：
综合机关名称（盖章）：	2017 年	有效期至：

指标名称	代码	指标值				
		肥料化（吨）	饲料化（吨）	基料化（吨）	原料化（吨）	燃料化（吨）
甲	乙	1	2	3	4	5
早稻	01					
中稻和一季晚稻	02					
双季晚稻	03					
小麦	04					
玉米	05					
薯类	06					
其中：马铃薯	07					
木薯	08					
油菜	09					

（续）

指标名称	代码	指标值				
		肥料化（吨）	饲料化（吨）	基料化（吨）	原料化（吨）	燃料化（吨）
甲	乙	1	2	3	4	5
大豆	10					
棉花	11					
甘蔗	12					
花生	13					

单位负责人：　　统计负责人（审核人）：　　填表人：　　联系电话：　　报出日期：　年　月　日

说明：1. 本表由县（区、市、旗）农业部门根据统计数据填报。

2. 统计范围：县（区、市、旗）辖区内秸秆规模化利用情况，特指以企业、合作社等经营主体为单位对收集离田后的秸秆加以利用的情况。

4.2.2　农户抽样调查表

数据表名称：household_sample_questionnaire

数据表中文名称：农户抽样调查表

数据表原始表格：

农户抽样调查表

＿＿＿＿省（自治区、直辖市）＿＿＿＿市（区、州、盟）＿＿＿＿县（区、市、旗）＿＿＿＿乡（镇、街道）＿＿＿＿村

填表时间：＿＿年＿＿月＿＿日

调查员姓名及电话：＿＿＿＿＿＿＿＿＿＿

被调查人电话：＿＿＿＿＿＿＿＿＿＿

农户编码：□□□

A000　家庭基本情况

A001	A002	A003	A004	
被调查人姓名	被调查人性别（直接在选项序号上打√）	被调查人年龄（周岁）	被调查人受教育程度（直接在选项序号上打√）	
	1. 男　2. 女		1. 未上过学　2. 小学　3. 初中 4. 高中或中专　5. 大专及以上	
A005	A006	A007	A008	A009
您的家庭总人口（指与本户经济、生活连为一体的人）（人）	2017年您在家务农的时间（月）	您家确权（承包）的耕地面积（亩）	2017年通过转包、转让、出租等方式流出的耕地面积（亩）	2017年通过转包、转让、出租等方式流入的耕地面积（亩）

A010 2017 年您家农作物种植及收获情况

名称	代码	播种面积（亩）	单产（千克/亩）	机械收获面积（亩）	人工收获面积（亩）
A011	A012	A013	A014	A015	A016
早稻	100				
中稻和一季晚稻	101				
双季晚稻	102				
小麦	103				
玉米	104				
马铃薯	116				
甘薯	117				
木薯	118				
花生	120				
油菜	121				
大豆	130				
棉花	140				
甘蔗	150				

A020 2017 年农户自产秸秆利用情况

秸秆名称		代码	自产秸秆自用比例（%）							自产秸秆赠送/出售情况	
			肥料化利用		燃料化利用		饲料化利用	基料化利用	原料化利用	赠送或出售给他人的秸秆占总秸秆量的比例（%）	赠送或出售秸秆的用途①肥料②燃料③饲料④基料⑤原料
			A021		A022						
			直接还田	间接还田	直接燃用	生产沼气、压块燃料、发电等清洁能源					
A011		A012	A023	A024	A025	A026	A027	A028	A029	A030	A031
稻草	早稻	200									
	中稻和一季晚稻	201									
	双季晚稻	202									
麦秸		203									
玉米秸		204									
马铃薯秧		216									
甘薯秧		217									
木薯秆		218									
花生秧		220									

（续）

秸秆名称	代码	自产秸秆自用比例（%）								自产秸秆赠送/出售情况	
		肥料化利用		燃料化利用		饲料化利用	基料化利用	原料化利用		赠送或出售给他人的秸秆占总秸秆量的比例（%）	赠送或出售秸秆的用途①肥料②燃料③饲料④基料⑤原料
		A021		A022							
		直接还田	间接还田	直接燃用	生产沼气、压块燃料、发电等清洁能源						
A011	A012	A023	A024	A025	A026	A027	A028	A029		A030	A031
油菜秆	221										
大豆秆	230										
棉花秆	240										
甘蔗叶梢	250										

A030　2017 年农户收集他人秸秆情况

秸秆名称		代码	肥料化利用（吨）	燃料化利用（吨）		饲料化利用（吨）	基料化利用（吨）	原料化利用（吨）
				A032				
				直接燃用	生产沼气、压块燃料、发电等清洁能源			
A011		A012	A031	A033	A034	A035	A036	A037
稻草	早稻	200						
	中稻和一季晚稻	201						
	双季晚稻	202						
麦秸		203						
玉米秸		204						
马铃薯秧		216						
甘薯秧		217						
木薯秆		218						
花生秧		220						
油菜秆		221						
大豆秆		230						
棉花秆		240						
甘蔗叶梢		250						

4.2.3　抽样调查县秸秆利用企业普查表

数据表名称：straw_utilization_enterprise_census

数据表中文名称：抽样调查县秸秆利用企业普查表

数据表原始表格：

抽样调查县秸秆利用企业普查表

表1 农作物秸秆燃料化利用企业/合作社普查表

_____省（自治区、直辖市）_____市（区、州、盟）_____县（区、市、旗）

企业/合作社名称：_____

企业被调查人姓名：_____

被调查人电话：_____　　　　企业编码：NY□□□□

调查员姓名：_____　　　　调查员电话：_____

填表时间：___年___月___日

秸秆名称		代码	年秸秆利用量（吨）	其中，利用的秸秆包括：				
				自种（吨）	收购/收集（吨）	秸秆收购/收集来源		
						本县（吨）	外县本省（吨）	省外（吨）
B001		B002	B003	B004	B005	B006	B007	B008
稻草	早稻	200						
	中稻和一季晚稻	201						
	双季晚稻	202						
麦秸		203						
玉米秸		204						
马铃薯秧		216						
甘薯秧		217						
木薯秆		218						
花生秧		220						
油菜秆		221						
大豆秆		230						
棉花秆		240						
甘蔗叶梢		250						

表2 农作物秸秆饲料化利用企业/合作社普查表

_____省（自治区、直辖市）_____市（区、州、盟）_____县（区、市、旗）

企业/合作社/养殖大户名称：_____

企业被调查人姓名：_____

被调查人电话：_____　　　　企业编码：SL□□□□

调查员姓名：_____　　　　调查员电话：_____

填表时间：____年____月____日

秸秆名称		代码	年秸秆利用量（吨）	其中，自行种植、收集的秸秆：				
				自种数量（吨）	收购/收集秸秆数量（吨）	秸秆收购/收集来源		
						本县（吨）	外县本省（吨）	省外（吨）
C001		C002	C003	C004	C005	C006	C007	C008
稻草	早稻	200						
	中稻和一季晚稻	201						
	双季晚稻	202						
麦秸		203						
玉米秸		204						
马铃薯秧		216						
甘薯秧		217						
木薯秆		218						
花生秧		220						
油菜秆		221						
大豆秆		230						
棉花秆		240						
甘蔗叶梢		250						

表3 农作物秸秆基料化利用企业/合作社普查表

_____省（自治区、直辖市）_____市（区、州、盟）_____县（区、市、旗）

企业/合作社名称：_____

企业被调查人姓名及电话：_____

企业编码：JL□□□□

调查员姓名及电话：_____

填表时间：____年____月____日

秸秆名称		代码	年秸秆利用量（吨）	其中，利用的秸秆包括：				
				自种（吨）	收购/收集（吨）	秸秆收购/收集来源		
						本县（吨）	外县本省（吨）	省外（吨）
D001		D002	D003	D004	D005	D006	D007	D008
稻草	早稻	200						
	中稻和一季晚稻	201						
	双季晚稻	202						
麦秸		203						
玉米秸		204						
马铃薯秧		216						
甘薯秧		217						
木薯秆		218						
花生秧		220						
油菜秆		221						
大豆秆		230						
棉花秆		240						
甘蔗叶梢		250						

表4 农作物秸秆有机肥生产企业/合作社普查表

_____省（自治区、直辖市）_____市（区、州、盟）_____县（区、市、旗）

企业/合作社名称：_____

企业被调查人姓名及电话：_____

企业编码：FL□□□□

调查员姓名及电话：_____

填表时间：____年____月____日

秸秆名称		代码	年秸秆利用量（吨）	其中，利用的秸秆包括：				
				自种（吨）	收购/收集（吨）	秸秆收购/收集来源		
						本县（吨）	外县本省（吨）	省外（吨）
E001		E002	E003	E004	E005	E006	E007	E008
稻草	早稻	200						
	中稻和一季晚稻	201						
	双季晚稻	202						
麦秸		203						
玉米秸		204						
马铃薯秧		216						
甘薯秧		217						
木薯秆		218						
花生秧		220						
油菜秆		221						
大豆秆		230						
棉花秆		240						
甘蔗叶梢		250						

表5 农作物秸秆原料化利用企业/合作社普查表

_____省（自治区、直辖市）_____市（区、州、盟）_____县（区、市、旗）

企业/合作社名称：_____ 序号：_____

企业被调查人姓名及电话：_____

企业编码：YL□□□□

调查员姓名及电话：_____

填表时间：___年___月___日

秸秆名称		代码	年秸秆利用量（吨）	其中，利用的秸秆包括：				
				自种（吨）	收购/收集（吨）	秸秆收购/收集来源		
						本县（吨）	外县本省（吨）	省外（吨）
F001		F002	F003	F004	F005	F006	F007	F008
稻草	早稻	200						
	中稻和一季晚稻	201						
	双季晚稻	202						
麦秸		203						
玉米秸		204						
马铃薯秧		216						
甘薯秧		217						
木薯秆		218						
花生秧		220						
油菜秆		221						
大豆秆		230						
棉花秆		240						
甘蔗叶梢		250						

表6 专门从事农作物秸秆收储运的企业和合作社普查表

_____省（自治区、直辖市）_____市（区、州、盟）_____县（区、市、旗）

企业/合作社名称：_____

企业被调查人姓名及电话：_____

企业编码：SC1□□□□

调查员姓名及电话：_____

填表时间：____年____月____日

名称 K001	代码 K002	秸秆收储来源及数量 （风干重，吨）		秸秆销售去向 （直接在选项上打√） K005	销售出的秸秆用途及数量 （风干重，吨）				
		收储来源（直接在选项上打√） K003	收储 数量 K004		肥料 K006	饲料 K007	燃料 K008	基料 K009	原料 K010
稻草	200	M31 本县 M32 本省（本县以外） M33 外省（请在后面注明省份） _____		M51 本县 M52 本省（本县以外） M53 外省（请在后面注明省份） _____					
麦秸	201	M31 本县 M32 本省（本县以外） M33 外省（请在后面注明省份） _____		M51 本县 M52 本省（本县以外） M53 外省（请在后面注明省份） _____					
玉米秸	202	M31 本县 M32 本省（本县以外） M33 外省（请在后面注明省份） _____		M51 本县 M52 本省（本县以外） M53 外省（请在后面注明省份） _____					
大豆秆	203	M31 本县 M32 本省（本县以外） M33 外省（请在后面注明省份） _____		M51 本县 M52 本省（本县以外） M53 外省（请在后面注明省份） _____					
油菜秆	204	M31 本县 M32 本省（本县以外） M33 外省（请在后面注明省份） _____		M51 本县 M52 本省（本县以外） M53 外省（请在后面注明省份） _____					
花生秧	205	M31 本县 M32 本省（本县以外） M33 外省（请在后面注明省份） _____		M51 本县 M52 本省（本县以外） M53 外省（请在后面注明省份） _____					

（续）

名称 K001	代码 K002	秸秆收储来源及数量 （风干重，吨）		秸秆销售去向 （直接在选项上打√） K005	销售出的秸秆用途及数量 （风干重，吨）				
		收储来源（直接在选项上打√） K003	收储 数量 K004		肥料 K006	饲料 K007	燃料 K008	基料 K009	原料 K010
棉花秆	206	M31 本县 M32 本省（本县以外） M33 外省（请在后面注明省份）		M51 本县 M52 本省（本县以外） M53 外省（请在后面注明省份）					
马铃薯秧	207	M31 本县 M32 本省（本县以外） M33 外省（请在后面注明省份）		M51 本县 M52 本省（本县以外） M53 外省（请在后面注明省份）					
甘薯秧	208	M31 本县 M32 本省（本县以外） M33 外省（请在后面注明省份）		M51 本县 M52 本省（本县以外） M53 外省（请在后面注明省份）					
木薯秆	209	M31 本县 M32 本省（本县以外） M33 外省（请在后面注明省份）		M51 本县 M52 本省（本县以外） M53 外省（请在后面注明省份）					
甘蔗叶梢	210	M31 本县 M32 本省（本县以外） M33 外省（请在后面注明省份）		M51 本县 M52 本省（本县以外） M53 外省（请在后面注明省份）					

4.3　数据字段与描述

4.3.1　农作物秸秆利用情况表字段描述

①区划代码

字段名称：code

字段中文名称：区划代码

数据类型：varchar

数据长度：255

②省（自治区、直辖市）

字段名称：province_name

字段中文名称：省（自治区、直辖市）

数据类型：varchar

数据长度：255

③市（区、州、盟）

字段名称：city_name

字段中文名称：市（区、州、盟）

数据类型：varchar

数据长度：255

④县（区、市、旗）

字段名称：county_name

字段中文名称：县（区、市、旗）

数据类型：varchar

数据长度：255

⑤综合机关名称（盖章）

字段名称：comprehensive_authority_name

字段中文名称：综合机关名称（盖章）

数据类型：varchar

数据长度：255

⑥年份（年）

字段名称：year

字段中文名称：年份（年）

数据类型：varchar

数据长度：255

⑦早稻肥料化（吨）

字段名称：fertilizer_early_rice

字段中文名称：早稻肥料化（吨）

数据类型：float8

数据长度：53

⑧早稻饲料化（吨）

字段名称：fodder_early_rice

字段中文名称：早稻饲料化（吨）

数据类型：float8

数据长度：53

⑨早稻基料化（吨）

字段名称：base_material_early_rice

字段中文名称：早稻基料化（吨）

数据类型：float8

数据长度：53

⑩早稻原料化（吨）

字段名称：raw_material_early_rice

字段中文名称：早稻原料化（吨）

数据类型：float8

数据长度：53

⑪早稻燃料化（吨）

字段名称：fuel_early_rice

字段中文名称：早稻燃料化（吨）

数据类型：float8

数据长度：53

⑫中稻和一季晚稻肥料化（吨）

字段名称：fertilizer_middle_rice

字段中文名称：中稻和一季晚稻肥料化（吨）

数据类型：float8

数据长度：53

⑬中稻和一季晚稻饲料化（吨）

字段名称：fodder_middle_rice

字段中文名称：中稻和一季晚稻饲料化（吨）

数据类型：float8

数据长度：53

⑭中稻和一季晚稻基料化（吨）

字段名称：base_material_middle_rice
字段中文名称：中稻和一季晚稻基料化
（吨）
数据类型：float8
数据长度：53

⑮中稻和一季晚稻原料化（吨）

字段名称：raw_material_middle_rice
字段中文名称：中稻和一季晚稻原料化
（吨）
数据类型：float8
数据长度：53

⑯中稻和一季晚稻燃料化（吨）

字段名称：fuel_middle_rice
字段中文名称：中稻和一季晚稻燃料化
（吨）
数据类型：float8
数据长度：53

⑰双季晚稻肥料化（吨）

字段名称：fertilizer_double_laterice
字段中文名称：双季晚稻肥料化（吨）
数据类型：float8
数据长度：53

⑱双季晚稻饲料化（吨）

字段名称：fodder_double_laterice
字段中文名称：双季晚稻饲料化（吨）
数据类型：float8
数据长度：53

⑲双季晚稻基料化（吨）

字段名称：base_material_double_laterice
字段中文名称：双季晚稻基料化（吨）
数据类型：float8
数据长度：53

⑳双季晚稻原料化（吨）

字段名称：raw_material_double_laterice
字段中文名称：双季晚稻原料化（吨）
数据类型：float8
数据长度：53

㉑双季晚稻燃料化（吨）

字段名称：fuel_double_laterice
字段中文名称：双季晚稻燃料化（吨）
数据类型：float8
数据长度：53

㉒小麦肥料化（吨）

字段名称：fertilizer_wheat
字段中文名称：小麦肥料化（吨）
数据类型：float8
数据长度：53

㉓小麦饲料化（吨）

字段名称：fodder_wheat
字段中文名称：小麦饲料化（吨）
数据类型：float8
数据长度：53

㉔小麦基料化（吨）

字段名称：base_material_wheat
字段中文名称：小麦基料化（吨）
数据类型：float8

数据长度：53

㉕小麦原料化（吨）

字段名称：raw_material_wheat
字段中文名称：小麦原料化（吨）
数据类型：float8
数据长度：53

㉖小麦燃料化（吨）

字段名称：fuel_wheat
字段中文名称：小麦燃料化（吨）
数据类型：float8
数据长度：53

㉗玉米肥料化（吨）

字段名称：fertilizer_corn
字段中文名称：玉米肥料化（吨）
数据类型：float8
数据长度：53

㉘玉米饲料化（吨）

字段名称：fodder_corn
字段中文名称：玉米饲料化（吨）
数据类型：float8
数据长度：53

㉙玉米基料化（吨）

字段名称：base_material_corn
字段中文名称：玉米基料化（吨）
数据类型：float8
数据长度：53

㉚玉米原料化（吨）

字段名称：raw_material_corn

字段中文名称：玉米原料化（吨）
数据类型：float8
数据长度：53

㉛玉米燃料化（吨）

字段名称：fuel_corn
字段中文名称：玉米燃料化（吨）
数据类型：float8
数据长度：53

㉜薯类肥料化（吨）

字段名称：fertilizer_tubers
字段中文名称：薯类肥料化（吨）
数据类型：float8
数据长度：53

㉝薯类饲料化（吨）

字段名称：fodder_tubers
字段中文名称：薯类饲料化（吨）
数据类型：float8
数据长度：53

㉞薯类基料化（吨）

字段名称：base_material_tubers
字段中文名称：薯类基料化（吨）
数据类型：float8
数据长度：53

㉟薯类原料化（吨）

字段名称：raw_material_tubers
字段中文名称：薯类原料化（吨）
数据类型：float8
数据长度：53

㊱薯类燃料化（吨）

字段名称：fuel_tubers

字段中文名称：薯类燃料化（吨）

数据类型：float8

数据长度：53

㊲马铃薯肥料化（吨）

字段名称：fertilizer_potato

字段中文名称：马铃薯肥料化（吨）

数据类型：float8

数据长度：53

㊳马铃薯饲料化（吨）

字段名称：fodder_potato

字段中文名称：马铃薯饲料化（吨）

数据类型：float8

数据长度：53

㊴马铃薯基料化（吨）

字段名称：base_material_potato

字段中文名称：马铃薯基料化（吨）

数据类型：float8

数据长度：53

㊵马铃薯原料化（吨）

字段名称：raw_material_potato

字段中文名称：马铃薯原料化（吨）

数据类型：float8

数据长度：53

㊶马铃薯燃料化（吨）

字段名称：fuel_potato

字段中文名称：马铃薯燃料化（吨）

数据类型：float8

数据长度：53

㊷木薯肥料化（吨）

字段名称：fertilizer_cassava

字段中文名称：木薯肥料化（吨）

数据类型：float8

数据长度：53

㊸木薯饲料化（吨）

字段名称：fodder_cassava

字段中文名称：木薯饲料化（吨）

数据类型：float8

数据长度：53

㊹木薯基料化（吨）

字段名称：base_material_cassava

字段中文名称：木薯基料化（吨）

数据类型：float8

数据长度：53

㊺木薯原料化（吨）

字段名称：raw_material_cassava

字段中文名称：木薯原料化（吨）

数据类型：float8

数据长度：53

㊻木薯燃料化（吨）

字段名称：fuel_cassava

字段中文名称：木薯燃料化（吨）

数据类型：float8

数据长度：53

㊼油菜肥料化（吨）

字段名称：fertilizer_rape

字段中文名称：油菜肥料化（吨）

数据类型：float8

数据长度：53

㊽油菜饲料化（吨）

字段名称：fodder_rape

字段中文名称：油菜饲料化（吨）

数据类型：float8

数据长度：53

㊾油菜基料化（吨）

字段名称：base_material_rape

字段中文名称：油菜基料化（吨）

数据类型：float8

数据长度：53

㊿油菜原料化（吨）

字段名称：raw_material_rape

字段中文名称：油菜原料化（吨）

数据类型：float8

数据长度：53

51油菜燃料化（吨）

字段名称：fuel_rape

字段中文名称：油菜燃料化（吨）

数据类型：float8

数据长度：53

52大豆肥料化（吨）

字段名称：fertilizer_soya

字段中文名称：大豆肥料化（吨）

数据类型：float8

数据长度：53

53大豆饲料化（吨）

字段名称：fodder_soya

字段中文名称：大豆饲料化（吨）

数据类型：float8

数据长度：53

54大豆基料化（吨）

字段名称：base_material_soya

字段中文名称：大豆基料化（吨）

数据类型：float8

数据长度：53

55大豆原料化（吨）

字段名称：raw_material_soya

字段中文名称：大豆原料化（吨）

数据类型：float8

数据长度：53

56大豆燃料化（吨）

字段名称：fuel_soya

字段中文名称：大豆燃料化（吨）

数据类型：float8

数据长度：53

57棉花肥料化（吨）

字段名称：fertilizer_cotton

字段中文名称：棉花肥料化（吨）

数据类型：float8

数据长度：53

58棉花饲料化（吨）

字段名称：fodder_cotton

字段中文名称：棉花饲料化（吨）

数据类型：float8

数据长度：53

⑤棉花基料化（吨）

字段名称：base_material_cotton

字段中文名称：棉花基料化（吨）

数据类型：float8

数据长度：53

⑥棉花原料化（吨）

字段名称：raw_material_cotton

字段中文名称：棉花原料化（吨）

数据类型：float8

数据长度：53

⑥棉花燃料化（吨）

字段名称：fuel_cotton

字段中文名称：棉花燃料化（吨）

数据类型：float8

数据长度：53

⑥甘蔗肥料化（吨）

字段名称：fertilizer_sugar_cane

字段中文名称：甘蔗肥料化（吨）

数据类型：float8

数据长度：53

⑥甘蔗饲料化（吨）

字段名称：fodder_sugar_cane

字段中文名称：甘蔗饲料化（吨）

数据类型：float8

数据长度：53

⑥甘蔗基料化（吨）

字段名称：base_material_sugar_cane

字段中文名称：甘蔗基料化（吨）

数据类型：float8

数据长度：53

⑥甘蔗原料化（吨）

字段名称：raw_material_sugar_cane

字段中文名称：甘蔗原料化（吨）

数据类型：float8

数据长度：53

⑥甘蔗燃料化（吨）

字段名称：fuel_sugar_cane

字段中文名称：甘蔗燃料化（吨）

数据类型：float8

数据长度：53

⑥花生肥料化（吨）

字段名称：fertilizer_peanut

字段中文名称：花生肥料化（吨）

数据类型：float8

数据长度：53

⑥花生饲料化（吨）

字段名称：fodder_peanut

字段中文名称：花生饲料化（吨）

数据类型：float8

数据长度：53

⑥花生基料化（吨）

字段名称：base_material_peanut

字段中文名称：花生基料化（吨）

数据类型：float8

数据长度：53

⑦花生原料化（吨）

字段名称：raw_material_peanut
字段中文名称：花生原料化（吨）
数据类型：float8
数据长度：53

⑦花生燃料化（吨）

字段名称：fuel_peanut
字段中文名称：花生燃料化（吨）
数据类型：float8
数据长度：53

⑦单位负责人

字段名称：company_responsible_people
字段中文名称：单位负责人
数据类型：varchar
数据长度：255

⑦统计负责人（审核人）

字段名称：statistics_responsible_people

字段中文名称：统计负责人（审核人）
数据类型：varchar
数据长度：255

⑦填表人

字段名称：fill_people
字段中文名称：填表人
数据类型：varchar
数据长度：255

⑦联系电话

字段名称：telephone_num
字段中文名称：联系电话
数据类型：varchar
数据长度：255

⑦报出日期

字段名称：report_date
字段中文名称：报出日期
数据类型：varchar
数据长度：255

4.3.2 农户抽样调查表字段描述

(1) 主表字段描述

①唯一 id

字段名称：id
字段中文名称：唯一 id
数据类型：varchar
数据长度：255

②省（自治区、直辖市）

字段名称：province_name
字段中文名称：省（自治区、直辖市）
数据类型：varchar
数据长度：255

③市（区、州、盟）

字段名称：city_name
字段中文名称：市（区、州、盟）
数据类型：varchar
数据长度：255

④县（区、市、旗）

字段名称：county_name
字段中文名称：县（区、市、旗）
数据类型：varchar
数据长度：255

⑤乡（镇、街道）

字段名称：town
字段中文名称：乡（镇、街道）
数据类型：varchar
数据长度：255

⑥村

字段名称：village
字段中文名称：村
数据类型：varchar
数据长度：255

⑦填表时间

字段名称：report_date
字段中文名称：填表时间
数据类型：varchar
数据长度：255

⑧调查员姓名

字段名称：investigator_name
字段中文名称：调查员姓名

数据类型：varchar
数据长度：255

⑨调查员电话

字段名称：investigator_phone
字段中文名称：调查员电话
数据类型：varchar
数据长度：255

⑩被调查人电话

字段名称：respondent_phone
字段中文名称：被调查人电话
数据类型：varchar
数据长度：255

⑪农户编码

字段名称：farmers_code
字段中文名称：农户编码
数据类型：varchar
数据长度：255

⑫被调查人姓名

字段名称：respondent_name
字段中文名称：被调查人姓名
数据类型：varchar
数据长度：255

⑬被调查人性别

字段名称：respondent_sex
字段中文名称：被调查人性别
数据类型：int2
数据长度：16

⑭被调查人年龄

字段名称：respondent_age

字段中文名称：被调查人年龄

数据类型：int2

数据长度：16

⑮被调查人受教育程度

字段名称：respondent_education_level

字段中文名称：被调查人受教育程度

数据类型：int2

数据长度：16

⑯您的家庭总人口

字段名称：total_household_population

字段中文名称：您的家庭总人口

数据类型：int2

数据长度：16

⑰2017 年您在家务农的时间（月）

字段名称：annual_farming_time

字段中文名称：2017 年您在家务农的时间（月）

数据类型：float8

数据长度：53

⑱您家确权（承包）的耕地面积（亩）

字段名称：cultivated_land_area

字段中文名称：您家确权（承包）的耕地面积（亩）

数据类型：float8

数据长度：53

⑲2017 年通过转包、转让、出租等方式流出的耕地面积（亩）

字段名称：reducing_cultivated_land_area

字段中文名称：2017 年通过转包、转让、出租等方式流出的耕地面积（亩）

数据类型：float8

数据长度：53

⑳2017 年通过转包、转让、出租等方式流入的耕地面积（亩）

字段名称：increase_cultivated_land_area

字段中文名称：2017 年通过转包、转让、出租等方式流入的耕地面积（亩）

数据类型：float8

数据长度：53

（2）2017 年您家农作物种植及收获情况字段描述

①唯一 id

字段名称：id

字段中文名称：唯一 id

数据类型：varchar

数据长度：255

②作物名称

字段名称：crop_name

字段中文名称：作物名称

数据类型：varchar

数据长度：255

③作物代码

字段名称：crop_code

字段中文名称：作物代码

数据类型：varchar

数据长度：255

④播种面积

字段名称：planting_area

字段中文名称：播种面积

数据类型：float8

数据长度：53

⑤单产

字段名称：unit_yield

字段中文名称：单产

数据类型：float8

数据长度：53

⑥机械收获面积

字段名称：mechanics_harvest_area

字段中文名称：机械收获面积

数据类型：float8

数据长度：53

⑦人工收获面积

字段名称：artificial_harvest_area

字段中文名称：人工收获面积

数据类型：float8

数据长度：53

⑧主表 id

字段名称：household_sample_ques-
tionnaire_id

字段中文名称：主表 id

数据类型：varchar

数据长度：255

(3) 2017 年农户自产秸秆利用情况字段描述

①唯一 id

字段名称：id

字段中文名称：唯一 id

数据类型：varchar

数据长度：255

②秸秆名称

字段名称：straw_name

字段中文名称：秸秆名称

数据类型：varchar

数据长度：255

③代码

字段名称：straw_code

字段中文名称：代码

数据类型：varchar

数据长度：255

④肥料化利用直接还田

字段名称：fertilizer_direct_return_utilize

字段中文名称：肥料化利用直接还田

数据类型：float8

数据长度：53

⑤肥料化利用间接还田

字段名称：fertilizer_indirect_return_utilize

字段中文名称：肥料化利用间接还田

数据类型：float8

数据长度：53

⑥燃料化利用直接燃用

字段名称：fuel_direct_combustion

字段中文名称：燃料化利用直接燃用

数据类型：float8

数据长度：53

⑦燃料化间接燃用（生产沼气、压块燃料、发电等清洁能源）

字段名称：fuel_indirect_combustion

字段中文名称：燃料化间接燃用（生产沼气、压块燃料、发电等清洁能源）

数据类型：float8

数据长度：53

⑧饲料化利用

字段名称：feed_utilize

字段中文名称：饲料化利用

数据类型：float8

数据长度：53

⑨基料化利用

字段名称：base_material_utilize

字段中文名称：基料化利用

数据类型：float8

数据长度：53

⑩原料化利用

字段名称：raw_material_utilize

字段中文名称：原料化利用

数据类型：float8

数据长度：53

⑪赠送或出售给他人的秸秆占总秸秆量的比例

字段名称：give_sale_ratio

字段中文名称：赠送或出售给他人的秸秆占总秸秆量的比例

数据类型：float8

数据长度：53

⑫赠送出售秸秆的用途

字段名称：give_sale_purpose

字段中文名称：赠送出售秸秆的用途

数据类型：int2

数据长度：16

⑬主表 id

字段名称：household _ sample _ questionnaire_id

字段中文名称：主表 id

数据类型：varchar

数据长度：255

（4）2017 年农户收集他人秸秆情况字段描述

①唯一 id

字段名称：id

字段中文名称：唯一 id

数据类型：varchar

数据长度：255

②秸秆名称

字段名称：straw_name

字段中文名称：秸秆名称

数据类型：varchar

数据长度：255

③代码

字段名称：straw_code

字段中文名称：代码

数据类型：varchar

数据长度：255

④肥料化利用

字段名称：fertilizer_utilize

字段中文名称：肥料化利用

数据类型：float8

数据长度：53

⑤燃料化利用直接燃用

字段名称：fuel_direct_combustion

字段中文名称：燃料化利用直接燃用

数据类型：float8

数据长度：53

⑥燃料化间接燃用（生产沼气、压块燃料、发电等清洁能源）

字段名称：fuel_indirect_combustion

字段中文名称：燃料化间接燃用（生产沼气、压块燃料、发电等清洁能源）

数据类型：float8

数据长度：53

⑦饲料化利用

字段名称：feed_utilize

字段中文名称：饲料化利用

数据类型：float8

数据长度：53

⑧基料化利用

字段名称：base_material_utilize

字段中文名称：基料化利用

数据类型：float8

数据长度：53

⑨原料化利用

字段名称：raw_material_utilize

字段中文名称：原料化利用

数据类型：float8

数据长度：53

⑩主表 id

字段名称：household_sample_questionnaire_id

字段中文名称：主表 id

数据类型：varchar 数据长度：255

4.3.3 抽样调查县秸秆利用企业普查表字段描述

（1）农作物秸秆燃料化利用企业/合作社普查表字段描述

①唯一 id

字段名称：id
字段中文名称：唯一 id
数据类型：varchar
数据长度：255

②省（自治区、直辖市）

字段名称：province_name
字段中文名称：省（自治区、直辖市）
数据类型：varchar
数据长度：255

③市（区、州、盟）

字段名称：city_name
字段中文名称：市（区、州、盟）
数据类型：varchar
数据长度：255

④县（区、市、旗）

字段名称：county_name
字段中文名称：县（区、市、旗）
数据类型：varchar
数据长度：255

⑤企业/合作社名称

字段名称：enterprise_name
字段中文名称：企业/合作社名称

数据类型：varchar
数据长度：255

⑥企业被调查人姓名

字段名称：enterprise_respondent_name
字段中文名称：企业被调查人姓名
数据类型：varchar
数据长度：255

⑦被调查人电话

字段名称：respondent_phone
字段中文名称：被调查人电话
数据类型：varchar
数据长度：255

⑧企业编码

字段名称：enterprise_code
字段中文名称：企业编码
数据类型：varchar
数据长度：255

⑨调查员姓名

字段名称：investigator_name
字段中文名称：调查员姓名
数据类型：varchar
数据长度：255

⑩调查员电话

字段名称：investigator_phone

字段中文名称：调查员电话

数据类型：varchar

数据长度：255

⑪填表时间

字段名称：report_date

字段中文名称：填表时间

数据类型：varchar

数据长度：255

⑫秸秆名称

字段名称：straw_name

字段中文名称：秸秆名称

数据类型：varchar

数据长度：255

⑬代码

字段名称：straw_code

字段中文名称：代码

数据类型：varchar

数据长度：255

⑭年秸秆利用量

字段名称：annual_straw_utilization

字段中文名称：年秸秆利用量

数据类型：float8

数据长度：53

⑮自种

字段名称：self_planting

字段中文名称：自种

数据类型：float8

数据长度：53

⑯收购/收集

字段名称：acquisition

字段中文名称：收购/收集

数据类型：float8

数据长度：53

⑰本县

字段名称：this_county_acquisition

字段中文名称：本县

数据类型：float8

数据长度：53

⑱外县本省

字段名称：other_county_acquisition

字段中文名称：外县本省

数据类型：float8

数据长度：53

⑲省外

字段名称：other_province_acquisition

字段中文名称：省外

数据类型：float8

数据长度：53

⑳主表 id

字段名称：fuel_utilization_enterprise_census_id

字段中文名称：主表 id

数据类型：varchar

数据长度：255

（2）农作物秸秆饲料化利用企业/合作社普查表字段描述

①唯一 id

字段名称：id

字段中文名称：唯一 id

数据类型：varchar

数据长度：255

②省（自治区、直辖市）

字段名称：province_name

字段中文名称：省（自治区、直辖市）

数据类型：varchar

数据长度：255

③市（区、州、盟）

字段名称：city_name

字段中文名称：市（区、州、盟）

数据类型：varchar

数据长度：255

④县（区、市、旗）

字段名称：county_name

字段中文名称：县（区、市、旗）

数据类型：varchar

数据长度：255

⑤企业/合作社名称

字段名称：enterprise_name

字段中文名称：企业/合作社名称

数据类型：varchar

数据长度：255

⑥企业被调查人姓名

字段名称：enterprise_respondent_name

字段中文名称：企业被调查人姓名

数据类型：varchar

数据长度：255

⑦被调查人电话

字段名称：respondent_phone

字段中文名称：被调查人电话

数据类型：varchar

数据长度：255

⑧企业编码

字段名称：enterprise_code

字段中文名称：企业编码

数据类型：varchar

数据长度：255

⑨调查员姓名

字段名称：investigator_name

字段中文名称：调查员姓名

数据类型：varchar

数据长度：255

⑩调查员电话

字段名称：investigator_phone

字段中文名称：调查员电话

数据类型：varchar

数据长度：255

⑪填表时间

字段名称：report_date

字段中文名称：填表时间

数据类型：varchar

数据长度：255

⑫秸秆名称

字段名称：straw_name

字段中文名称：秸秆名称

数据类型：varchar

数据长度：255

⑬代码

字段名称：straw_code

字段中文名称：代码

数据类型：varchar

数据长度：255

⑭年秸秆利用量

字段名称：annual_straw_utilization

字段中文名称：年秸秆利用量

数据类型：float8

数据长度：53

⑮自种

字段名称：self_planting

字段中文名称：自种

数据类型：float8

数据长度：53

⑯收购/收集

字段名称：acquisition

字段中文名称：收购/收集

数据类型：float8

数据长度：53

⑰本县

字段名称：this_county_acquisition

字段中文名称：本县

数据类型：float8

数据长度：53

⑱外县本省

字段名称：other_county_acquisition

字段中文名称：外县本省

数据类型：float8

数据长度：53

⑲省外

字段名称：other_province_acquisition

字段中文名称：省外

数据类型：float8

数据长度：53

⑳主表 id

字段名称：feed_utilization_enterprise_
census_id

字段中文名称：主表 id

数据类型：varchar

数据长度：255

(3) 农作物秸秆基料化利用企业/合作社普查表字段描述

①唯一 id

字段名称：id

字段中文名称：唯一 id

数据类型：varchar

数据长度：255

②省（自治区、直辖市）

字段名称：province_name
字段中文名称：省（自治区、直辖市）
数据类型：varchar
数据长度：255

③市（区、州、盟）

字段名称：city_name
字段中文名称：市（区、州、盟）
数据类型：varchar
数据长度：255

④县（区、市、旗）

字段名称：county_name
字段中文名称：县（区、市、旗）
数据类型：varchar
数据长度：255

⑤企业/合作社名称

字段名称：enterprise_name
字段中文名称：企业/合作社名称
数据类型：varchar
数据长度：255

⑥企业被调查人姓名

字段名称：enterprise _ respondent _ name
字段中文名称：企业被调查人姓名
数据类型：varchar
数据长度：255

⑦被调查人电话

字段名称：respondent_phone

字段中文名称：被调查人电话
数据类型：varchar
数据长度：255

⑧企业编码

字段名称：enterprise_code
字段中文名称：企业编码
数据类型：varchar
数据长度：255

⑨调查员姓名

字段名称：investigator_name
字段中文名称：调查员姓名
数据类型：varchar
数据长度：255

⑩调查员电话

字段名称：investigator_phone
字段中文名称：调查员电话
数据类型：varchar
数据长度：255

⑪填表时间

字段名称：report_date
字段中文名称：填表时间
数据类型：varchar
数据长度：255

⑫秸秆名称

字段名称：straw_name
字段中文名称：秸秆名称
数据类型：varchar
数据长度：255

⑬代码

字段名称：straw_code
字段中文名称：代码
数据类型：varchar
数据长度：255

⑭年秸秆利用量

字段名称：annual_straw_utilization
字段中文名称：年秸秆利用量
数据类型：float8
数据长度：53

⑮自种

字段名称：self_planting
字段中文名称：自种
数据类型：float8
数据长度：53

⑯收购/收集

字段名称：acquisition
字段中文名称：收购/收集
数据类型：float8
数据长度：53

⑰本县

字段名称：this_county_acquisition
字段中文名称：本县
数据类型：float8
数据长度：53

⑱外县本省

字段名称：other_county_acquisition
字段中文名称：外县本省
数据类型：float8
数据长度：53

⑲省外

字段名称：other_province_acquisition
字段中文名称：省外
数据类型：float8
数据长度：53

⑳主表 id

字段名称：base_material_utilization_enterprise_census_id
字段中文名称：主表 id
数据类型：varchar
数据长度：255

（4）农作物秸秆有机肥生产企业/合作社普查表字段描述

①唯一 id

字段名称：id
字段中文名称：唯一 id
数据类型：varchar
数据长度：255

②省（自治区、直辖市）

字段名称：province_name
字段中文名称：省（自治区、直辖市）
数据类型：varchar
数据长度：255

③**市（区、州、盟）**

字段名称：city_name

字段中文名称：市（区、州、盟）

数据类型：varchar

数据长度：255

④**县（区、市、旗）**

字段名称：county_name

字段中文名称：县（区、市、旗）

数据类型：varchar

数据长度：255

⑤**企业/合作社名称**

字段名称：enterprise_name

字段中文名称：企业/合作社名称

数据类型：varchar

数据长度：255

⑥**企业被调查人姓名**

字段名称：enterprise_respondent_name

字段中文名称：企业被调查人姓名

数据类型：varchar

数据长度：255

⑦**被调查人电话**

字段名称：respondent_phone

字段中文名称：被调查人电话

数据类型：varchar

数据长度：255

⑧**企业编码**

字段名称：enterprise_code

字段中文名称：企业编码

数据类型：varchar

数据长度：255

⑨**调查员姓名**

字段名称：investigator_name

字段中文名称：调查员姓名

数据类型：varchar

数据长度：255

⑩**调查员电话**

字段名称：investigator_phone

字段中文名称：调查员电话

数据类型：varchar

数据长度：255

⑪**填表时间**

字段名称：report_date

字段中文名称：填表时间

数据类型：varchar

数据长度：255

⑫**秸秆名称**

字段名称：straw_name

字段中文名称：秸秆名称

数据类型：varchar

数据长度：255

⑬**代码**

字段名称：straw_code

字段中文名称：代码

数据类型：varchar

数据长度：255

⑭年秸秆利用量

字段名称：annual_straw_utilization

字段中文名称：年秸秆利用量

数据类型：float8

数据长度：53

⑮自种

字段名称：self_planting

字段中文名称：自种

数据类型：float8

数据长度：53

⑯收购/收集

字段名称：acquisition

字段中文名称：收购/收集

数据类型：float8

数据长度：53

⑰本县

字段名称：this_county_acquisition

字段中文名称：本县

数据类型：float8

数据长度：53

⑱外县本省

字段名称：other_county_acquisition

字段中文名称：外县本省

数据类型：float8

数据长度：53

⑲省外

字段名称：other_province_acquisition

字段中文名称：省外

数据类型：float8

数据长度：53

⑳主表 id

字段名称：organic_fertilizer_product_enterprise_census_id

字段中文名称：主表 id

数据类型：varchar

数据长度：255

（5）农作物秸秆原料化利用企业/合作社普查表字段描述

①唯一 id

字段名称：id

字段中文名称：唯一 id

数据类型：varchar

数据长度：255

②省（自治区、直辖市）

字段名称：province_name

字段中文名称：省（自治区、直辖市）

数据类型：varchar

数据长度：255

③市（区、州、盟）

字段名称：city_name

字段中文名称：市（区、州、盟）

数据类型：varchar

数据长度：255

④县（区、市、旗）

字段名称：county_name

字段中文名称：县（区、市、旗）

数据类型：varchar

数据长度：255

⑤企业/合作社名称

字段名称：enterprise_name

字段中文名称：企业/合作社名称

数据类型：varchar

数据长度：255

⑥企业被调查人姓名

字段名称：enterprise_respondent_name

字段中文名称：企业被调查人姓名

数据类型：varchar

数据长度：255

⑦被调查人电话

字段名称：respondent_phone

字段中文名称：被调查人电话

数据类型：varchar

数据长度：255

⑧企业编码

字段名称：enterprise_code

字段中文名称：企业编码

数据类型：varchar

数据长度：255

⑨调查员姓名

字段名称：investigator_name

字段中文名称：调查员姓名

数据类型：varchar

数据长度：255

⑩调查员电话

字段名称：investigator_phone

字段中文名称：调查员电话

数据类型：varchar

数据长度：255

⑪填表时间

字段名称：report_date

字段中文名称：填表时间

数据类型：varchar

数据长度：255

⑫秸秆名称

字段名称：straw_name

字段中文名称：秸秆名称

数据类型：varchar

数据长度：255

⑬代码

字段名称：straw_code

字段中文名称：代码

数据类型：varchar

数据长度：255

⑭年秸秆利用量

字段名称：annual_straw_utilization

字段中文名称：年秸秆利用量

数据类型：float8

数据长度：53

⑮自种

字段名称：self_planting

字段中文名称：自种

数据类型：float8

数据长度：53

⑯收购/收集

字段名称：acquisition

字段中文名称：收购/收集

数据类型：float8

数据长度：53

⑰本县

字段名称：this_county_acquisition

字段中文名称：本县

数据类型：float8

数据长度：53

⑱外县本省

字段名称：other_county_acquisition

字段中文名称：外县本省

数据类型：float8

数据长度：53

⑲省外

字段名称：other_province_acquisition

字段中文名称：省外

数据类型：float8

数据长度：53

⑳主表 id

字段名称：raw_material_enterprise_census_id

字段中文名称：主表 id

数据类型：varchar

数据长度：255

(6) 专门从事农作物秸秆收储运的企业和合作社普查表字段描述

①唯一 id

字段名称：id

字段中文名称：唯一 id

数据类型：varchar

数据长度：255

②省（自治区、直辖市）

字段名称：province_name

字段中文名称：省（自治区、直辖市）

数据类型：varchar

数据长度：255

③市（区、州、盟）

字段名称：city_name

字段中文名称：市（区、州、盟）

数据类型：varchar

数据长度：255

④县（区、市、旗）

字段名称：county_name

字段中文名称：县（区、市、旗）

数据类型：varchar

数据长度：255

⑤企业/合作社名称

字段名称：enterprise_name

字段中文名称：企业/合作社名称

数据类型：varchar

数据长度：255

⑥企业被调查人姓名

字段名称：enterprise_respondent_name

字段中文名称：企业被调查人姓名

数据类型：varchar

数据长度：255

⑦被调查人电话

字段名称：respondent_phone

字段中文名称：被调查人电话

数据类型：varchar

数据长度：255

⑧企业编码

字段名称：enterprise_code

字段中文名称：企业编码

数据类型：varchar

数据长度：255

⑨调查员姓名

字段名称：investigator_name

字段中文名称：调查员姓名

数据类型：varchar

数据长度：255

⑩调查员电话

字段名称：investigator_phone

字段中文名称：调查员电话

数据类型：varchar

数据长度：255

⑪填表时间

字段名称：report_date

字段中文名称：填表时间

数据类型：varchar

数据长度：255

⑫名称

字段名称：straw_name

字段中文名称：名称

数据类型：varchar

数据长度：255

⑬代码

字段名称：straw_code

字段中文名称：代码

数据类型：varchar

数据长度：255

⑭收储来源

字段名称：straw_source

字段中文名称：收储来源

数据类型：varchar

数据长度：255

⑮外省（名称）

字段名称：other_province_name

字段中文名称：外省（名称）

数据类型：varchar

数据长度：255

⑯收储数量

字段名称：collection_quantity

字段中文名称：收储数量

数据类型：float8

数据长度：53

⑰**秸秆销售去向**

字段名称：sales_destination

字段中文名称：秸秆销售去向

数据类型：varchar

数据长度：255

⑱**销售省份名称**

字段名称：sales_province_name

字段中文名称：销售省份名称

数据类型：varchar

数据长度：255

⑲**肥料**

字段名称：apply_fertilizer

字段中文名称：肥料

数据类型：float8

数据长度：53

⑳**饲料**

字段名称：apply_feed

字段中文名称：饲料

数据类型：float8

数据长度：53

㉑**燃料**

字段名称：apply_fuel

字段中文名称：燃料

数据类型：float8

数据长度：53

㉒**基料**

字段名称：apply_base_material

字段中文名称：基料

数据类型：float8

数据长度：53

㉓**原料**

字段名称：apply_raw_material

字段中文名称：原料

数据类型：float8

数据长度：53

㉔**主表 id**

字段名称：straw_store_up_enterprise_
census_id

字段中文名称：主表 id

数据类型：varchar

数据长度：255

5 畜禽养殖生产及废弃物管理

5.1 主要术语与解释

5.1.1 规模以下养殖户养殖量及粪污处理情况表指标解释

【1. 县（区）名称】省（自治区、直辖市）、市（区、州、盟）、县（区、市、旗）填写时要求使用规范化汉字全称。

【2. 区域代码】由所在地普查机构统一填写。按2017年县级行政区划代码，将相应行政区划代码填写在方格内。如2017年县及县以上的行政区划有变动的，则县及县以上的行政区划代码（第1~6位码）按最新的《中华人民共和国行政区划代码》（GB/T 2260）填报，将相应行政区划代码填写在方格内。

【3. 养殖户数量】该县（区、市、旗）养殖场、养殖专业户和散养户的数量。

【4. 畜禽出栏/存栏量】该县饲养动物的年均存栏数量或出栏数量，生猪、肉牛和肉鸡统计年出栏量，奶牛和蛋鸡统计存栏量。

【5. 不同清粪方式动物养殖量】该县（区、市、旗）不同清粪方式下的不同动物养殖量，按不同动物分别统计。

【6. 粪便处理利用配套农田和林地种植/播种面积】该县（区、市、旗）不同动物粪污处理所配套农田和林地种植/播种面积，按不同动物分别统计。

5.1.2 畜禽养殖户粪污处理调查表指标解释

【1. 法定代表人】养殖户的法人，不具有法人资格的产业活动单位填写本单位的主要负责人。

【2. 养殖户名称】指经有关部门批准正式使用的单位全称，按工商部门登记的名称填写；未进行工商注册的，可填报畜禽养殖场负责人姓名。填写时要求使用规范化汉字全称。

【3. 详细地址】养殖户所处的详细地址，以实际生产场所进行填写。

【4. 养殖户场区占地面积】养殖户场区的总面积，包括生产、辅助和生产区。

【5. 圈舍建筑面积】养殖户内生产设施及配套设施的建筑面积，不包括活动区等。

【6. 养殖量】生猪、肉牛和肉鸡填写年总出栏数量，奶牛和蛋鸡填写年末存栏数

量，如年末无存栏量，则填写 0。

【7. 饲养阶段名称】生猪分为能繁母猪、保育猪、育成育肥猪 3 个阶段，奶牛分为成乳牛、育成牛、犊牛，肉牛分母牛、育成育肥牛、犊牛 3 个阶段，蛋鸡分育雏育成鸡和产蛋鸡 2 个阶段，肉鸡 1 个阶段。各动物饲养阶段代码如表 5-1。

表 5-1　不同动物饲养阶段名称及代码

饲养阶段	代码	饲养阶段	代码	饲养阶段	代码	饲养阶段	代码
能繁母猪	Z1	成乳牛	N1	母牛	R1	育雏育成鸡	J1
保育猪	Z2	育成奶牛	N2	育成育肥牛	R2	产蛋鸡	J2
育成育肥猪	Z3	犊牛	N3	肉牛犊牛	R3	肉鸡	J3

【8. 存栏量】不同饲养阶段动物存栏的数量，均填写年平均存栏数量，比如蛋鸡 1—6 月存栏 1000 羽，7—12 月无，那么年均存栏量为（1000×6+0×6）/12=500 羽。

【9. 体重范围】不同饲养阶段动物的体重，单位为千克/头（只），填写范围。

【10. 采食量】不同阶段动物每头每天的采食量，单位为千克/（天·头），填写范围。

【11. 饲养周期】该养殖户不同阶段动物的养殖天数。

【12. 清粪方式】根据养殖户实际情况填报，人工干清粪是指畜禽粪便和尿液一经产生便分流，干粪由人工的方式收集、清扫、运走，尿及冲洗水则从下水道流出；机械干清粪是指畜禽粪便和尿液一经产生便分流，干粪利用专用的机械设备收集和运走，尿及冲洗水则从下水道流出；水冲粪是指畜禽粪尿污水混合进入缝隙地板下的粪沟，每天一次或数次放水冲洗圈舍的清粪方式，冲洗后的粪水一般顺粪沟流入粪便主干沟，进入地下贮粪池或用泵抽吸到地面贮粪池；水泡粪是指畜禽舍的排粪沟中注入一定量的水，粪尿、冲洗和饲养管理用水一并排放到缝隙地板下的粪沟中，贮存一定时间后，待粪沟装满后，打开出口的闸门，将沟中粪水排出；垫草垫料是指稻壳、木屑、作物秸秆或者其他原料以一定厚度平铺在畜禽养殖舍地面，畜禽在其上面生长、生活的养殖方式；高床养殖是指动物以及动物粪便不与垫草垫料直接接触，饲养过程动物粪便落在垫草垫料上，通过垫草垫料对动物粪尿进行吸收并进一步处理；其他是指除以上几项以外的其他方式，需要单独注明。清粪方式代码如表 5-2。

表 5-2　不同清粪方式名称及代码

清粪方式	代码	清粪方式	代码	清粪方式	代码
人工干清粪	Q1	水泡粪	Q4	其他	Q7
机械干清粪	Q2	垫草垫料	Q5		
水冲粪	Q3	高床养殖	Q6		

【13. 用水总量】用于生产过程的总用水量，包括动物饮水、冲洗圈舍、消毒等与动物饲养过程配套的总用水量。

【14. 污水产生量】正常生产过程中产生的污水总量。

【15. 污水利用量】各种方式进行污水利用的量，包括农田利用、鱼塘养殖等，达标排放和未达标排放不属于利用。

【16. 污水处理利用方式及比例】养殖污水处理利用的方式，包括农田林地利用、输入鱼塘、液体肥水出售、第三方生产沼气、达标排放、异位发酵床、直接排放、场区循环利用或其他（需注明）。

【17. 粪便处理利用方式及比例】粪便处理利用的方式，包括农田林地利用、场内有机肥生产、直接出售农户利用、第三方处理（生产沼气、生产有机肥）、垫料利用、基质利用、场外丢弃、输入鱼塘或其他（请注明）。其中：垫料利用一般指牛场粪便经过固液分离、无害化处理后回用作为牛床垫料；基质利用是指畜禽粪便混合菌渣或者其他农作物秸秆，进行一定的无害化处理后，生产基质盘或基质土，应用于栽培果菜的利用方式。

【18. 污水处理主要采用工艺】养殖户用于污水处理的工艺，一般包括原水贮存、固液分离、厌氧发酵、沼液贮存、好氧处理、氧化塘、人工湿地、膜处理或其他工艺（需注明），如果养殖场污水全部资源化利用，比如采用异位发酵床或农田利用或全部场区循环利用，则仅需填写配套的工艺即可，比如原水贮存、固液分离，如果没有任何处理，则选择无。

【19. 污水是否采用达标排放处理方式排放】养殖户污水处理方式是否采用达标排放方式。

【20. 污水处理执行标准名称及标准号】填写养殖户环评或者排污许可证等中规定的污水处理所执行的国家或行业标准名称和相应标准号。

【21. 是否有配套农田消纳利用畜禽粪便污水】养殖户是否通过配套一定的农田或者林地来处理利用畜禽粪便和污水，包括自有土地，或通过土地承包、流转、租赁的农田和林地，以及与周边农户签订用肥协议用于粪污消纳利用的农田和林地面积。

【22. 配套农田和林地总面积】填写该养殖户用以处理利用所配套的农田和林地的总面积，包括自有土地，或通过土地承包、流转、租赁的农田和林地，以及与周边农户签订用肥协议用于粪污消纳利用的农田和林地面积。

【23. 配套农田种植/播种面积】详细填写养殖户粪污处理利用配套农田和林地所种植作物/林木的名称以及相应的播种面积，果树、草地及林地等填写种植面积，大田、蔬菜和经济作物填写播种面积。

5.2 数据表描述

5.2.1 规模以下养殖户养殖量及粪污处理情况表

数据表名称：stock_breed_statistics

数据表中文名称：规模以下养殖户养殖量及粪污处理情况

数据表编号：N202 表

资料来源：《关于印发〈第二次全国污染源普查制度〉的通知》（国污普〔2018〕15 号）

数据表原始表格：

县（区、市、旗）规模以下养殖户养殖量及粪污处理情况

表　号：N202 表
制定机关：国务院第二次全国污染源普查
领导小组办公室
批准机关：国家统计局
批准文号：

区划代码：□□□□□□

_____省（自治区、直辖市）

_____市（区、州、盟）

_____县（区、市、旗）

综合单位名称（盖章）：　　　　　　　　2017 年　　有效期至：

指标名称	计量单位	代码	指标值									
			生猪 年出栏< 50头		奶牛 年存栏< 5头		肉牛 年出栏< 10头		蛋鸡 年存栏< 500羽		肉鸡 年出栏< 2000羽	
甲	乙	丙	1	2	3	4	5	6	7	8	9	10
一、养殖户情况	—	—	—	—	—	—	—	—	—	—	—	—
养殖户数量	个	01										
出栏量	万头（万羽）	02			—	—						
存栏量	万头（万羽）	03	—	—			—	—			—	—
二、清粪方式	—	—	—	—	—	—	—	—	—	—	—	—
干清粪	%	04										
水冲粪	%	05										
水泡粪	%	06										
垫草垫料	%	07										
高床养殖	%	08										
其他	%	09										

（续）

指标名称	计量单位	代码	指标值									
			生猪		奶牛		肉牛		蛋鸡		肉鸡	
			年出栏＜50头		年存栏＜5头		年出栏＜10头		年存栏＜500羽		年出栏＜2000羽	
甲	乙	丙	1	2	3	4	5	6	7	8	9	10
三、粪便处理利用方式	—	—	—		—		—		—		—	
委托处理	％	10										
生产农家肥	％	11										
生产商品有机肥	％	12										
生产牛床垫料	％	13										
生产栽培基质	％	14										
饲养昆虫	％	15										
其他	％	16										
场外丢弃	％	17										
四、污水处理利用方式	—	—	—		—		—		—		—	
委托处理	％	18										
沼液还田	％	19										
肥水还田	％	20										
生产液态有机肥	％	21										
鱼塘养殖	％	22										
达标排放	％	23										
其他利用	％	24										
未利用直接排放	％	25										

指标名称	计量单位	代码	指标值
甲	乙	丙	1
五、粪污处理利用配套农田和林地种植/播种面积	—	—	—
大田作物	亩	26	
蔬菜	亩	27	
经济作物	亩	28	
果树	亩	29	
草地	亩	30	
林地	亩	31	

单位负责人：　　统计负责人（审核人）：　　填表人：　　联系电话：　　报出日期：　年 月 日

说明：1. 本表由县（区、市、旗）畜牧部门根据统计数据填报。

　　　2. 26～28填写播种面积，29～31填写种植面积。

5.2.2 畜禽养殖户粪污处理调查表

数据表名称：farmers_fecal_sewage_treatment_questionnaire

数据表中文名称：畜禽养殖户粪污处理调查表

数据表原始表格：

畜禽养殖户粪污处理调查表

养殖户基本信息	
01. 法定代表人	
02. 养殖户名称	
03. 详细地址	＿＿＿＿＿＿＿省（自治区、直辖市）＿＿＿＿＿＿＿市（区、州、盟） ＿＿＿＿＿＿＿县（区、市、旗）＿＿＿＿＿＿＿乡（镇、街道） ＿＿＿＿＿＿＿街（村）、门牌号
04. 联系方式	联系人：　　　　　　　　电话号码：

养殖畜种及规模

指标名称	计量单位	代码	指标值
甲	乙	丙	1
一、生产设施	—	—	—
养殖户场区占地面积	亩	05	
圈舍建筑面积	平方米	06	
二、养殖量	—	—	—
生猪（年出栏量）	头	07	
奶牛（存栏量）	头	08	
肉牛（年出栏量）	头	09	
蛋鸡（存栏量）	羽	10	
肉鸡（年出栏量）	羽	11	

不同养殖阶段基本情况

指标名称	计量单位	代码	饲养阶段		
甲	乙	丙	1	2	3
饲养阶段名称	—	12			
饲养阶段代码	—	13			
存栏量	头（羽）	14			
体重范围	千克/头（羽）	15			
采食量	千克/（天·头）	16			

（续）

不同养殖阶段基本情况

指标名称	计量单位	代码	饲养阶段		
甲	乙	丙	1	2	3
饲养周期	天	17			
清粪方式名称	—	18			
清粪方式代码	—	19			

养殖户污水和粪便产生及处理利用情况

指标名称	计量单位	代码	指标值
甲	乙	丙	1
一、污水产生及利用情况	—	—	—
用水总量	吨/年	20	
污水产生量	吨/年	21	
污水利用量	吨/年	22	
污水处理利用方式比例	—	—	—
其中：农田林地利用	％	23	
输入鱼塘	％	24	
液体肥水出售	％	25	
第三方生产沼气	％	26	
达标排放	％	27	
异位发酵床	％	28	
直接排放	％	29	
场区循环利用	％	30	
其他	％	31	
二、粪便收集及利用情况	—	—	—
粪便收集量	吨/年	32	
粪便处理利用方式比例	—	—	—
其中：农田林地利用	％	33	
场内有机肥生产	％	34	
直接出售农户利用	％	35	
第三方生产沼气	％	36	
第三方生产有机肥	％	37	
垫料利用	％	38	
基质利用	％	39	
场外丢弃	％	40	
输入鱼塘	％	41	
其他	％	42	

（续）

养殖户粪便和污水处理工艺及农田利用情况	
43. 粪便处理主要采用工艺	1 固体贮存　2 堆肥发酵　3 生产沼气　4 生产垫料　5 生产基质 6 其他（请注明）
44. 污水处理主要采用工艺	1 原水贮存□　　2 固液分离□　　3 厌氧发酵□　　4 沼液贮存□ 5 好氧处理□　　6 氧化塘□　　7 人工湿地□　　8 膜处理□ 9 其他（请注明）□＿＿＿＿＿
45. 污水是否采用达标排放处理方式排放	1 是 □　2 否 □
46. 污水处理执行标准名称及标准号	标准名称：　　　　　　　标准号：
47. 是否有配套农田消纳利用畜禽粪便污水	1 是 □　2 否 □

养殖场配套农田和林地情况

指标名称	计量单位	代码	数量
甲	乙	丙	1
一、配套农田和林地总面积	亩	48	
二、配套农田种植/播种面积	—	—	—
大田作物	—	—	—
其中：小麦	亩	49	
玉米	亩	50	
水稻	亩	51	
谷子	亩	52	
大豆	亩	53	
棉花	亩	54	
马铃薯	亩	55	
其他大田作物	亩	56	
蔬菜	—	—	—
其中：黄瓜	亩	57	
青椒	亩	58	
茄子	亩	59	
大白菜	亩	60	
其他蔬菜	亩	61	
果树	亩	62	
经济作物	亩	63	
草地	亩	64	
林地	亩	65	

单位负责人：　　　审核人：　　　填表人：　　　联系电话：　　　报出日期：　　年　月　日

说明：1. 如果 45 项选择是，则继续填报 46 项，否则不填。
　　　2. 如果 47 项选择是，则继续填报 48～65 项，否则填报结束。

5.3　数据字段与描述

5.3.1　规模以下养殖户养殖量及粪污处理情况表字段描述

①区划代码

字段名称：code
字段中文名称：区划代码
数据类型：varchar
数据长度：255

②省（自治区、直辖市）

字段名称：province_name
字段中文名称：省（自治区、直辖市）
数据类型：varchar
数据长度：255

③市（区、州、盟）

字段名称：city_name
字段中文名称：市（区、州、盟）
数据类型：varchar
数据长度：255

④县（区、市、旗）

字段名称：county_name
字段中文名称：县（区、市、旗）
数据类型：varchar
数据长度：255

⑤综合机关名称（盖章）

字段名称：comprehensive_authority_name
字段中文名称：综合机关名称（盖章）
数据类型：varchar
数据长度：255

⑥年份

字段名称：year
字段中文名称：年份
数据类型：varchar
数据长度：255

⑦生猪养殖户数量（个）

字段名称：pig_farmers_num
字段中文名称：生猪养殖户数量（个）
数据类型：float8
数据长度：53

⑧生猪养殖户数量-年出栏＜50头

字段名称：less_than_pig_farmers_num
字段中文名称：生猪养殖户数量-年出栏＜50头
数据类型：float8
数据长度：53

⑨奶牛养殖户数量（个）

字段名称：cow_farmers_num
字段中文名称：奶牛养殖户数量（个）
数据类型：float8
数据长度：53

⑩奶牛养殖户数量-年存栏＜5头

字段名称：less_than_cow_farmers_num
字段中文名称：奶牛养殖户数量-年存栏＜5头

数据类型：float8

数据长度：53

⑪肉牛养殖户数量（个）

字段名称：beef_cattle_farmers_num

字段中文名称：肉牛养殖户数量（个）

数据类型：float8

数据长度：53

⑫肉牛养殖户数量-年出栏＜10头

字段名称：less_than_beef_cattle_farm-ers_num

字段中文名称：肉牛养殖户数量-年出栏＜10头

数据类型：float8

数据长度：53

⑬蛋鸡养殖户数量（个）

字段名称：layer_farmers_num

字段中文名称：蛋鸡养殖户数量（个）

数据类型：float8

数据长度：53

⑭蛋鸡养殖户数量-年存栏＜500羽

字段名称：less_than_layer_farmers_num

字段中文名称：蛋鸡养殖户数量-年存栏＜500羽

数据类型：float8

数据长度：53

⑮肉鸡养殖户数量（个）

字段名称：broiler_farmers_num

字段中文名称：肉鸡养殖户数量（个）

数据类型：float8

数据长度：53

⑯肉鸡养殖户数量-年出栏＜2000羽

字段名称：less_than_broiler_farmers_num

字段中文名称：肉鸡养殖户数量-年出栏＜2000羽

数据类型：float8

数据长度：53

⑰生猪出栏量（万头）

字段名称：pig_slaughter_rate

字段中文名称：生猪出栏量（万头）

数据类型：float8

数据长度：53

⑱生猪出栏量-年出栏＜50头

字段名称：less_than_pig_slaughter_rate

字段中文名称：生猪出栏量-年出栏＜50头

数据类型：float8

数据长度：53

⑲奶牛存栏量（万头）

字段名称：cow_amount_stock

字段中文名称：奶牛存栏量（万头）

数据类型：float8

数据长度：53

⑳奶牛存栏量-年存栏＜5头

字段名称：less_than_cow_amount_stock

字段中文名称：奶牛存栏量-年存栏＜5头

数据类型：float8

数据长度：53

㉑肉牛出栏量（万头）

字段名称：beef_cattle_slaughter_rate
字段中文名称：肉牛出栏量（万头）
数据类型：float8
数据长度：53

㉒肉牛出栏量-年出栏＜10头

字段名称：less_than_beef_cattle_slaughter_rate
字段中文名称：肉牛出栏量-年出栏＜10头
数据类型：float8
数据长度：53

㉓蛋鸡存栏量（万羽）

字段名称：layer_amount_stock
字段中文名称：蛋鸡存栏量（万羽）
数据类型：float8
数据长度：53

㉔蛋鸡存栏量-年存栏＜500羽

字段名称：less_than_layer_amount_stock
字段中文名称：蛋鸡存栏量-年存栏＜500羽
数据类型：float8
数据长度：53

㉕肉鸡出栏量（万羽）

字段名称：broiler_slaughter_rate
字段中文名称：肉鸡出栏量（万羽）
数据类型：float8

㉖肉鸡出栏量-年出栏＜2000羽

字段名称：less_than_broiler_slaughter_rate
字段中文名称：肉鸡出栏量-年出栏＜2000羽
数据类型：float8
数据长度：53

㉗生猪干清粪（%）

字段名称：pig_dry_excrement
字段中文名称：生猪干清粪（%）
数据类型：float8
数据长度：53

㉘奶牛干清粪（%）

字段名称：cow_dry_excrement
字段中文名称：奶牛干清粪（%）
数据类型：float8
数据长度：53

㉙肉牛干清粪（%）

字段名称：beef_cattle_dry_excrement
字段中文名称：肉牛干清粪（%）
数据类型：float8
数据长度：53

㉚蛋鸡干清粪（%）

字段名称：layer_dry_excrement
字段中文名称：蛋鸡干清粪（%）
数据类型：float8
数据长度：53

㉛肉鸡干清粪（%）

字段名称：broiler_dry_excrement

字段中文名称：肉鸡干清粪（%）

数据类型：float8

数据长度：53

㉜生猪水冲粪（%）

字段名称：pig_water_dung

字段中文名称：生猪水冲粪（%）

数据类型：float8

数据长度：53

㉝奶牛水冲粪（%）

字段名称：cow_water_dung

字段中文名称：奶牛水冲粪（%）

数据类型：float8

数据长度：53

㉞肉牛水冲粪（%）

字段名称：beef_cattle_water_dung

字段中文名称：肉牛水冲粪（%）

数据类型：float8

数据长度：53

㉟蛋鸡水冲粪（%）

字段名称：layer_water_dung

字段中文名称：蛋鸡水冲粪（%）

数据类型：float8

数据长度：53

㊱肉鸡水冲粪（%）

字段名称：broiler_water_dung

字段中文名称：肉鸡水冲粪（%）

数据类型：float8

数据长度：53

㊲生猪水泡粪（%）

字段名称：pig_blister_dung

字段中文名称：生猪水泡粪（%）

数据类型：float8

数据长度：53

㊳奶牛水泡粪（%）

字段名称：cow_blister_dung

字段中文名称：奶牛水泡粪（%）

数据类型：float8

数据长度：53

㊴肉牛水泡粪（%）

字段名称：beef_cattle_blister_dung

字段中文名称：肉牛水泡粪（%）

数据类型：float8

数据长度：53

㊵蛋鸡水泡粪（%）

字段名称：layer_blister_dung

字段中文名称：蛋鸡水泡粪（%）

数据类型：float8

数据长度：53

㊶肉鸡水泡粪（%）

字段名称：broiler_blister_dung

字段中文名称：肉鸡水泡粪（%）

数据类型：float8

数据长度：53

㊷生猪垫草垫料（％）

字段名称：pig_straw_mat

字段中文名称：生猪垫草垫料（％）

数据类型：float8

数据长度：53

㊸奶牛垫草垫料（％）

字段名称：cow_straw_mat

字段中文名称：奶牛垫草垫料（％）

数据类型：float8

数据长度：53

㊹肉牛垫草垫料（％）

字段名称：beef_cattle_straw_mat

字段中文名称：肉牛垫草垫料（％）

数据类型：float8

数据长度：53

㊺蛋鸡垫草垫料（％）

字段名称：layer_straw_mat

字段中文名称：蛋鸡垫草垫料（％）

数据类型：float8

数据长度：53

㊻肉鸡垫草垫料（％）

字段名称：broiler_straw_mat

字段中文名称：肉鸡垫草垫料（％）

数据类型：float8

数据长度：53

㊼生猪高床养殖（％）

字段名称：pig_high_bed

字段中文名称：生猪高床养殖（％）

数据类型：float8

数据长度：53

㊽奶牛高床养殖（％）

字段名称：cow_high_bed

字段中文名称：奶牛高床养殖（％）

数据类型：float8

数据长度：53

㊾肉牛高床养殖（％）

字段名称：beef_cattle_high_bed

字段中文名称：肉牛高床养殖（％）

数据类型：float8

数据长度：53

㊿蛋鸡高床养殖（％）

字段名称：layer_high_bed

字段中文名称：蛋鸡高床养殖（％）

数据类型：float8

数据长度：53

51肉鸡高床养殖（％）

字段名称：broiler_high_bed

字段中文名称：肉鸡高床养殖（％）

数据类型：float8

数据长度：53

52生猪清粪其他（％）

字段名称：pig_other_cleaning_method

字段中文名称：生猪清粪其他（％）

数据类型：float8

数据长度：53

(53)奶牛清粪其他（%）

字段名称：cow_other_cleaning_method
字段中文名称：奶牛清粪其他（%）
数据类型：float8
数据长度：53

(54)肉牛清粪其他（%）

字段名称：beef_cattle_other_cleaning_method
字段中文名称：肉牛清粪其他（%）
数据类型：float8
数据长度：53

(55)蛋鸡清粪其他（%）

字段名称：layer_other_cleaning_method
字段中文名称：蛋鸡清粪其他（%）
数据类型：float8
数据长度：53

(56)肉鸡清粪其他（%）

字段名称：broiler_other_cleaning_method
字段中文名称：肉鸡清粪其他（%）
数据类型：float8
数据长度：53

(57)粪便处理利用方式-生猪粪便委托处理（%）

字段名称：pig_delegation_processing
字段中文名称：粪便处理利用方式-生猪粪便委托处理（%）
数据类型：float8
数据长度：53

(58)粪便处理利用方式-奶牛粪便委托处理（%）

字段名称：cow_delegation_processing
字段中文名称：粪便处理利用方式-奶牛粪便委托处理（%）
数据类型：float8
数据长度：53

(59)粪便处理利用方式-肉牛粪便委托处理（%）

字段名称：beef_cattle_delegation_processing
字段中文名称：粪便处理利用方式-肉牛粪便委托处理（%）
数据类型：float8
数据长度：53

(60)粪便处理利用方式-蛋鸡粪便委托处理（%）

字段名称：layer_delegation_processing
字段中文名称：粪便处理利用方式-蛋鸡粪便委托处理（%）
数据类型：float8
数据长度：53

(61)粪便处理利用方式-肉鸡粪便委托处理（%）

字段名称：broiler_delegation_processing
字段中文名称：粪便处理利用方式-肉鸡粪便委托处理（%）
数据类型：float8
数据长度：53

⑫粪便处理利用方式-生猪粪便生产农家肥（%）

字段名称：pig_production_farmyard_manure

字段中文名称：粪便处理利用方式-生猪粪便生产农家肥（%）

数据类型：float8

数据长度：53

⑬粪便处理利用方式-奶牛粪便生产农家肥（%）

字段名称：cow_production_farmyard_manure

字段中文名称：粪便处理利用方式-奶牛粪便生产农家肥（%）

数据类型：float8

数据长度：53

⑭粪便处理利用方式-肉牛粪便生产农家肥（%）

字段名称：beef_cattle_production_farmyard_manure

字段中文名称：粪便处理利用方式-肉牛粪便生产农家肥（%）

数据类型：float8

数据长度：53

⑮粪便处理利用方式-蛋鸡粪便生产农家肥（%）

字段名称：layer_production_farmyard_manure

字段中文名称：粪便处理利用方式-蛋鸡粪便生产农家肥（%）

数据类型：float8

数据长度：53

⑯粪便处理利用方式-肉鸡粪便生产农家肥（%）

字段名称：broiler_production_farmyard_manure

字段中文名称：粪便处理利用方式-肉鸡粪便生产农家肥（%）

数据类型：float8

数据长度：53

⑰粪便处理利用方式-生猪粪便生产商品有机肥（%）

字段名称：pig_production_commercial_fertilizer

字段中文名称：粪便处理利用方式-生猪粪便生产商品有机肥（%）

数据类型：float8

数据长度：53

⑱粪便处理利用方式-奶牛粪便生产商品有机肥（%）

字段名称：cow_production_commercial_fertilizer

字段中文名称：粪便处理利用方式-奶牛粪便生产商品有机肥（%）

数据类型：float8

数据长度：53

⑥**粪便处理利用方式-肉牛粪便生产商品有机肥（%）**

字段名称：beef_cattle_production_commercial_fertilizer

字段中文名称：粪便处理利用方式-肉牛粪便生产商品有机肥（%）

数据类型：float8

数据长度：53

⑩**粪便处理利用方式-蛋鸡粪便生产商品有机肥（%）**

字段名称：layer_production_commercial_fertilizer

字段中文名称：粪便处理利用方式-蛋鸡粪便生产商品有机肥（%）

数据类型：float8

数据长度：53

⑪**粪便处理利用方式-肉鸡粪便生产商品有机肥（%）**

字段名称：broiler_production_commercial_fertilizer

字段中文名称：粪便处理利用方式-肉鸡粪便生产商品有机肥（%）

数据类型：float8

数据长度：53

⑫**粪便处理利用方式-生猪粪便生产牛床垫料（%）**

字段名称：pig_production_cattle_mattress

字段中文名称：粪便处理利用方式-生猪粪便生产牛床垫料（%）

数据类型：float8

数据长度：53

⑬**粪便处理利用方式-奶牛粪便生产牛床垫料（%）**

字段名称：cow_production_cattle_mattress

字段中文名称：粪便处理利用方式-奶牛粪便生产牛床垫料（%）

数据类型：float8

数据长度：53

⑭**粪便处理利用方式-肉牛粪便生产牛床垫料（%）**

字段名称：beef_cattle_production_cattle_mattress

字段中文名称：粪便处理利用方式-肉牛粪便生产牛床垫料（%）

数据类型：float8

数据长度：53

⑮**粪便处理利用方式-蛋鸡粪便生产牛床垫料（%）**

字段名称：layer_production_cattle_mattress

字段中文名称：粪便处理利用方式-蛋鸡粪便生产牛床垫料（%）

数据类型：float8

数据长度：53

⑦**粪便处理利用方式-肉鸡粪便生产牛床垫料（%）**

字段名称：broiler_production_cattle_mattress

字段中文名称：粪便处理利用方式-肉鸡粪便生产牛床垫料（%）

数据类型：float8

数据长度：53

⑦**粪便处理利用方式-生猪粪便生产栽培基质（%）**

字段名称：pig_production_cultivation_substrate

字段中文名称：粪便处理利用方式-生猪粪便生产栽培基质（%）

数据类型：float8

数据长度：53

⑦**粪便处理利用方式-奶牛粪便生产栽培基质（%）**

字段名称：cow_production_cultivation_substrate

字段中文名称：粪便处理利用方式-奶牛粪便生产栽培基质（%）

数据类型：float8

数据长度：53

⑦**粪便处理利用方式-肉牛粪便生产栽培基质（%）**

字段名称：beef_cattle_production_cultivation_substrate

字段中文名称：粪便处理利用方式-肉牛粪便生产栽培基质（%）

数据类型：float8

数据长度：53

⑧**粪便处理利用方式-蛋鸡粪便生产栽培基质（%）**

字段名称：layer_production_cultivation_substrate

字段中文名称：粪便处理利用方式-蛋鸡粪便生产栽培基质（%）

数据类型：float8

数据长度：53

⑧**粪便处理利用方式-肉鸡粪便生产栽培基质（%）**

字段名称：broiler_production_cultivation_substrate

字段中文名称：粪便处理利用方式-肉鸡粪便生产栽培基质（%）

数据类型：float8

数据长度：53

⑧**粪便处理利用方式-生猪粪便饲养昆虫（%）**

字段名称：pig_feeding_insects

字段中文名称：粪便处理利用方式-生猪粪便饲养昆虫（%）

数据类型：float8

数据长度：53

⑧**粪便处理利用方式-奶牛粪便饲养昆虫（%）**

字段名称：cow_feeding_insects

字段中文名称：粪便处理利用方式-奶牛粪便饲养昆虫（%）

数据类型：float8

数据长度：53

⑧粪便处理利用方式-肉牛粪便饲养昆虫（%）

字段名称：beef_cattle_feeding_insects

字段中文名称：粪便处理利用方式-肉牛粪便饲养昆虫（%）

数据类型：float8

数据长度：53

⑧粪便处理利用方式-蛋鸡粪便饲养昆虫（%）

字段名称：layer_feeding_insects

字段中文名称：粪便处理利用方式-蛋鸡粪便饲养昆虫（%）

数据类型：float8

数据长度：53

⑧粪便处理利用方式-肉鸡粪便饲养昆虫（%）

字段名称：broiler_feeding_insects

字段中文名称：粪便处理利用方式-肉鸡粪便饲养昆虫（%）

数据类型：float8

数据长度：53

⑧粪便处理利用方式-生猪粪便其他（%）

字段名称：pig_other_manure_disposal_method

字段中文名称：粪便处理利用方式-生猪粪便其他（%）

数据类型：float8

数据长度：53

⑧粪便处理利用方式-奶牛粪便其他（%）

字段名称：cow_other_manure_disposal_method

字段中文名称：粪便处理利用方式-奶牛粪便其他（%）

数据类型：float8

数据长度：53

⑧粪便处理利用方式-肉牛粪便其他（%）

字段名称：beef_cattle_other_manure_disposal_method

字段中文名称：粪便处理利用方式-肉牛粪便其他（%）

数据类型：float8

数据长度：53

⑨粪便处理利用方式-蛋鸡粪便其他（%）

字段名称：layer_other_manure_disposal_method

字段中文名称：粪便处理利用方式-蛋鸡粪便其他（%）

数据类型：float8

数据长度：53

⑨粪便处理利用方式-肉鸡粪便其他（%）

字段名称：broiler_other_manure_disposal_method

字段中文名称：粪便处理利用方式-肉

鸡粪便其他（%）

数据类型：float8

数据长度：53

⑨粪便处理利用方式-生猪粪便场外丢弃（%）

字段名称：pig_outside_discard

字段中文名称：粪便处理利用方式-生猪粪便场外丢弃（%）

数据类型：float8

数据长度：53

⑨粪便处理利用方式-奶牛粪便场外丢弃（%）

字段名称：cow_outside_discard

字段中文名称：粪便处理利用方式-奶牛粪便场外丢弃（%）

数据类型：float8

数据长度：53

⑨粪便处理利用方式-肉牛粪便场外丢弃（%）

字段名称：beef_cattle_outside_discard

字段中文名称：粪便处理利用方式-肉牛粪便场外丢弃（%）

数据类型：float8

数据长度：53

⑨粪便处理利用方式-蛋鸡粪便场外丢弃（%）

字段名称：layer_outside_discard

字段中文名称：粪便处理利用方式-蛋鸡粪便场外丢弃（%）

数据类型：float8

数据长度：53

⑨粪便处理利用方式-肉鸡粪便场外丢弃（%）

字段名称：broiler_outside_discard

字段中文名称：粪便处理利用方式-肉鸡粪便场外丢弃（%）

数据类型：float8

数据长度：53

⑨污水处理利用方式-生猪粪便委托处理（%）

字段名称：pig_delegation_processing_sewage

字段中文名称：污水处理利用方式-生猪粪便委托处理（%）

数据类型：float8

数据长度：53

⑨污水处理利用方式-奶牛粪便委托处理（%）

字段名称：cow_delegation_processing_sewage

字段中文名称：污水处理利用方式-奶牛粪便委托处理（%）

数据类型：float8

数据长度：53

⑨污水处理利用方式-肉牛粪便委托处理（%）

字段名称：beef_cattle_delegation_processing_sewage

字段中文名称：污水处理利用方式-肉牛粪便委托处理（%）

数据类型：float8

数据长度：53

⑩⑩污水处理利用方式-蛋鸡粪便委托处理（%）

字段名称：layer_delegation_processing_
sewage

字段中文名称：污水处理利用方式-蛋
鸡粪便委托处理（%）

数据类型：float8

数据长度：53

⑩①污水处理利用方式-肉鸡粪便委托处理（%）

字段名称：broiler_delegation_process-
ing_sewage

字段中文名称：污水处理利用方式-肉
鸡粪便委托处理（%）

数据类型：float8

数据长度：53

⑩②污水处理利用方式-生猪沼液还田（%）

字段名称：pig_biogas_slurry_return

字段中文名称：污水处理利用方式-生
猪沼液还田（%）

数据类型：float8

数据长度：53

⑩③污水处理利用方式-奶牛沼液还田（%）

字段名称：cow_biogas_slurry_return

字段中文名称：污水处理利用方式-奶
牛沼液还田（%）

⑩④污水处理利用方式-肉牛沼液还田（%）

字段名称：beef_cattle_biogas_slurry_
return

字段中文名称：污水处理利用方式-肉
牛沼液还田（%）

数据类型：float8

数据长度：53

⑩⑤污水处理利用方式-蛋鸡沼液还田（%）

字段名称：layer_biogas_slurry_return

字段中文名称：污水处理利用方式-蛋
鸡沼液还田（%）

数据类型：float8

数据长度：53

⑩⑥污水处理利用方式-肉鸡沼液还田（%）

字段名称：broiler_biogas_slurry_
return

字段中文名称：污水处理利用方式-肉
鸡沼液还田（%）

数据类型：float8

数据长度：53

⑩⑦污水处理利用方式-生猪肥水还田（%）

字段名称：pig_fertilizer_water_return

字段中文名称：污水处理利用方式-生
猪肥水还田（%）

数据类型：float8

数据长度：53

⑩污水处理利用方式-奶牛肥水还田（%）

字段名称：cow_fertilizer_water_return

字段中文名称：污水处理利用方式-奶牛肥水还田（%）

数据类型：float8

数据长度：53

⑩污水处理利用方式-肉牛肥水还田（%）

字段名称：beef_cattle_fertilizer_water_return

字段中文名称：污水处理利用方式-肉牛肥水还田（%）

数据类型：float8

数据长度：53

⑩污水处理利用方式-蛋鸡肥水还田（%）

字段名称：layer_fertilizer_water_return

字段中文名称：污水处理利用方式-蛋鸡肥水还田（%）

数据类型：float8

数据长度：53

⑪污水处理利用方式-肉鸡肥水还田（%）

字段名称：broiler_fertilizer_water_return

字段中文名称：污水处理利用方式-肉鸡肥水还田（%）

数据类型：float8

数据长度：53

⑫污水处理利用方式-生猪粪便生产液态有机肥（%）

字段名称：pig_production_liquid_fertilizer

字段中文名称：污水处理利用方式-生猪粪便生产液态有机肥（%）

数据类型：float8

数据长度：53

⑬污水处理利用方式-奶牛粪便生产液态有机肥（%）

字段名称：cow_production_liquid_fertilizer

字段中文名称：污水处理利用方式-奶牛粪便生产液态有机肥（%）

数据类型：float8

数据长度：53

⑭污水处理利用方式-肉牛粪便生产液态有机肥（%）

字段名称：beef_cattle_production_liquid_fertilizer

字段中文名称：污水处理利用方式-肉牛粪便生产液态有机肥（%）

数据类型：float8

数据长度：53

⑮**污水处理利用方式-蛋鸡粪便生产液态有机肥（%）**

字段名称：layer_production_liquid_fertilizer

字段中文名称：污水处理利用方式-蛋鸡粪便生产液态有机肥（%）

数据类型：float8

数据长度：53

⑯**污水处理利用方式-肉鸡粪便生产液态有机肥（%）**

字段名称：broiler_production_liquid_fertilizer

字段中文名称：污水处理利用方式-肉鸡粪便生产液态有机肥（%）

数据类型：float8

数据长度：53

⑰**污水处理利用方式-生猪粪便鱼塘养殖（%）**

字段名称：pig_fish_pond_culture

字段中文名称：污水处理利用方式-生猪粪便鱼塘养殖（%）

数据类型：float8

数据长度：53

⑱**污水处理利用方式-奶牛粪便鱼塘养殖（%）**

字段名称：cow_fish_pond_culture

字段中文名称：污水处理利用方式-奶牛粪便鱼塘养殖（%）

数据类型：float8

数据长度：53

⑲**污水处理利用方式-肉牛粪便鱼塘养殖（%）**

字段名称：beef_cattle_fish_pond_culture

字段中文名称：污水处理利用方式-肉牛粪便鱼塘养殖（%）

数据类型：float8

数据长度：53

⑳**污水处理利用方式-蛋鸡粪便鱼塘养殖（%）**

字段名称：layer_fish_pond_culture

字段中文名称：污水处理利用方式-蛋鸡粪便鱼塘养殖（%）

数据类型：float8

数据长度：53

㉑**污水处理利用方式-肉鸡粪便鱼塘养殖（%）**

字段名称：broiler_fish_pond_culture

字段中文名称：污水处理利用方式-肉鸡粪便鱼塘养殖（%）

数据类型：float8

数据长度：53

㉒**污水处理利用方式-生猪粪便达标排放（%）**

字段名称：pig_standard_discharge

字段中文名称：污水处理利用方式-生猪粪便达标排放（%）

数据类型：float8

数据长度：53

⑬污水处理利用方式-奶牛粪便达标排放（％）

字段名称：cow_standard_discharge

字段中文名称：污水处理利用方式-奶牛粪便达标排放（％）

数据类型：float8

数据长度：53

⑭污水处理利用方式-肉牛粪便达标排放（％）

字段名称：beef_cattle_standard_discharge

字段中文名称：污水处理利用方式-肉牛粪便达标排放（％）

数据类型：float8

数据长度：53

⑮污水处理利用方式-蛋鸡粪便达标排放（％）

字段名称：layer_standard_discharge

字段中文名称：污水处理利用方式-蛋鸡粪便达标排放（％）

数据类型：float8

数据长度：53

⑯污水处理利用方式-肉鸡粪便达标排放（％）

字段名称：broiler_standard_discharge

字段中文名称：污水处理利用方式-肉鸡粪便达标排放（％）

数据类型：float8

数据长度：53

⑰污水处理利用方式-生猪粪便其他利用（％）

字段名称：pig_other_wastewater_treatment_utilization

字段中文名称：污水处理利用方式-生猪粪便其他利用（％）

数据类型：float8

数据长度：53

⑱污水处理利用方式-奶牛粪便其他利用（％）

字段名称：cow_other_wastewater_treatment_utilization

字段中文名称：污水处理利用方式-奶牛粪便其他利用（％）

数据类型：float8

数据长度：53

⑲污水处理利用方式-肉牛粪便其他利用（％）

字段名称：beef_cattle_other_wastewater_treatment_utilization

字段中文名称：污水处理利用方式-肉牛粪便其他利用（％）

数据类型：float8

数据长度：53

⑳污水处理利用方式-蛋鸡粪便其他利用（％）

字段名称：layer_other_wastewater_treatment_utilization

字段中文名称：污水处理利用方式-蛋鸡粪便其他利用（％）

数据类型：float8

数据长度：53

⑬①污水处理利用方式-肉鸡粪便其他利用（%）

字段名称：broiler_other_wastewater_ treatment_utilization

字段中文名称：污水处理利用方式-肉鸡粪便其他利用（%）

数据类型：float8

数据长度：53

⑬②污水处理利用方式-生猪粪便未利用直接排放（%）

字段名称：pig_unutilized_direct_emissions

字段中文名称：污水处理利用方式-生猪粪便未利用直接排放（%）

数据类型：float8

数据长度：53

⑬③污水处理利用方式-奶牛粪便未利用直接排放（%）

字段名称：cow_unutilized_direct_emissions

字段中文名称：污水处理利用方式-奶牛粪便未利用直接排放（%）

数据类型：float8

数据长度：53

⑬④污水处理利用方式-肉牛粪便未利用直接排放（%）

字段名称：beef_cattle_unutilized_ direct_emissions

字段中文名称：污水处理利用方式-肉牛粪便未利用直接排放（%）

数据类型：float8

数据长度：53

⑬⑤污水处理利用方式-蛋鸡粪便未利用直接排放（%）

字段名称：layer_unutilized_direct_ emissions

字段中文名称：污水处理利用方式-蛋鸡粪便未利用直接排放（%）

数据类型：float8

数据长度：53

⑬⑥污水处理利用方式-肉鸡粪便未利用直接排放（%）

字段名称：broiler_unutilized_direct_ emissions

字段中文名称：污水处理利用方式-肉鸡粪便未利用直接排放（%）

数据类型：float8

数据长度：53

⑬⑦大田作物（亩）

字段名称：field_crops

字段中文名称：大田作物（亩）

数据类型：float8

数据长度：53

⑬⑧蔬菜（亩）

字段名称：vegetables

字段中文名称：蔬菜（亩）

数据类型：float8

数据长度：53

⑬经济作物（亩）

字段名称：cash_crops

字段中文名称：经济作物（亩）

数据类型：float8

数据长度：53

⑭果树（亩）

字段名称：fruiter

字段中文名称：果树（亩）

数据类型：float8

数据长度：53

⑭草地（亩）

字段名称：grassland

字段中文名称：草地（亩）

数据类型：float8

数据长度：53

⑭林地（亩）

字段名称：woodland

字段中文名称：林地（亩）

数据类型：float8

数据长度：53

⑭单位负责人

字段名称：company_responsible_people

字段中文名称：单位负责人

数据类型：varchar

数据长度：255

⑭统计负责人（审核人）

字段名称：statistics_responsible_people

字段中文名称：统计负责人（审核人）

数据类型：varchar

数据长度：255

⑭填表人

字段名称：fill_people

字段中文名称：填表人

数据类型：varchar

数据长度：255

⑭联系电话

字段名称：telephone_num

字段中文名称：联系电话

数据类型：varchar

数据长度：255

⑭报出日期

字段名称：report_date

字段中文名称：报出日期

数据类型：varchar

数据长度：255

5.3.2 畜禽养殖户粪污处理调查表字段描述

①唯一 id

字段名称：id

字段中文名称：唯一 id

数据类型：varchar

数据长度：255

②法定代表人

字段名称：legal_representative

字段中文名称：法定代表人

数据类型：varchar

数据长度：255

③养殖户名称

字段名称：farmers_name

字段中文名称：养殖户名称

数据类型：varchar

数据长度：255

④省（自治区、直辖市）

字段名称：province_name

字段中文名称：省（自治区、直辖市）

数据类型：varchar

数据长度：255

⑤市（区、州、盟）

字段名称：city_name

字段中文名称：市（区、州、盟）

数据类型：varchar

数据长度：255

⑥县（区、市、旗）

字段名称：county_name

字段中文名称：县（区、市、旗）

数据类型：varchar

数据长度：255

⑦乡（镇、街道）

字段名称：town

字段中文名称：乡（镇、街道）

数据类型：varchar

数据长度：255

⑧街（村）、门牌号

字段名称：house_num

字段中文名称：街（村）、门牌号

数据类型：varchar

数据长度：255

⑨联系人

字段名称：contacts

字段中文名称：联系人

数据类型：varchar

数据长度：255

⑩电话号码

字段名称：phone

字段中文名称：电话号码

数据类型：varchar

数据长度：255

⑪养殖户场区占地面积

字段名称：covered_area

字段中文名称：养殖户场区占地面积

数据类型：float8

数据长度：53

⑫圈舍建筑面积

字段名称：enclosure_floorage

字段中文名称：圈舍建筑面积

数据类型：float8

数据长度：53

⑬生猪（年出栏量）

字段名称：pig_slaughter_value

字段中文名称：生猪（年出栏量）

数据类型：float8

数据长度：53

⑭奶牛（存栏量）

字段名称：cow_stock

字段中文名称：奶牛（存栏量）

数据类型：float8

数据长度：53

⑮肉牛（年出栏量）

字段名称：beef_slaughter_value

字段中文名称：肉牛（年出栏量）

数据类型：float8

数据长度：53

⑯蛋鸡（存栏量）

字段名称：layer_stock

字段中文名称：蛋鸡（存栏量）

数据类型：float8

数据长度：53

⑰肉鸡（年出栏量）

字段名称：broiler_slaughter_value

字段中文名称：肉鸡（年出栏量）

数据类型：float8

数据长度：53

⑱用水总量

字段名称：water_consumption

字段中文名称：用水总量

数据类型：float8

数据长度：53

⑲污水产生量

字段名称：sewage_production

字段中文名称：污水产生量

数据类型：float8

数据长度：53

⑳污水利用量

字段名称：sewage_utilization

字段中文名称：污水利用量

数据类型：float8

数据长度：53

㉑污水农田林地利用

字段名称：sewage_farmland_woodland_ratio

字段中文名称：污水农田林地利用

数据类型：float8

数据长度：53

㉒污水输入鱼塘

字段名称：sewage_input_fish_pond_ratio

字段中文名称：污水输入鱼塘

数据类型：float8

数据长度：53

㉓污水液体肥水出售

字段名称：sewage_liquid_rich_water_sale_ratio

字段中文名称：污水液体肥水出售

数据类型：float8

数据长度：53

㉔污水第三方生产沼气

字段名称：sewage_third_party_biogas_
ratio

字段中文名称：污水第三方生产沼气

数据类型：float8

数据长度：53

㉕污水达标排放

字段名称：sewage_standard_discharge_
ratio

字段中文名称：污水达标排放

数据类型：float8

数据长度：53

㉖污水异位发酵床

字段名称：sewage_ectopic_fermenta-
tion_bed_ratio

字段中文名称：污水异位发酵床

数据类型：float8

数据长度：53

㉗污水直接排放

字段名称：sewage_direct_discharge_
ratio

字段中文名称：污水直接排放

数据类型：float8

数据长度：53

㉘污水场区循环利用

字段名称：sewage_site_recycling_ratio

字段中文名称：污水场区循环利用

数据类型：float8

数据长度：53

㉙污水其他

字段名称：sewage_other_utilization_
methods_ratio

字段中文名称：污水其他

数据类型：float8

数据长度：53

㉚粪便收集量

字段名称：fecal_collection

字段中文名称：粪便收集量

数据类型：float8

数据长度：53

㉛粪便农田林地利用

字段名称：feces_farmland_woodland_
ratio

字段中文名称：粪便农田林地利用

数据类型：float8

数据长度：53

㉜粪便场内有机肥生产

字段名称：feces_organic_fertilizer_pro-
duction_ratio

字段中文名称：粪便场内有机肥生产

数据类型：float8

数据长度：53

㉝粪便直接出售农户利用

字段名称：feces_sold_farmers_utiliza-
tion_ratio

字段中文名称：粪便直接出售农户利用

数据类型：float8

数据长度：53

㉞粪便第三方生产沼气

字段名称：feces_third_party_biogas_
ratio

字段中文名称：粪便第三方生产沼气

数据类型：float8

数据长度：53

㉟粪便第三方生产有机肥

字段名称：feces_third_party_organic_
fertilizer_ratio

字段中文名称：粪便第三方生产有机肥

数据类型：float8

数据长度：53

㊱粪便垫料利用

字段名称：feces_cushion_material_uti-
lization_ratio

字段中文名称：粪便垫料利用

数据类型：float8

数据长度：53

㊲粪便基质利用

字段名称：feces_matrix_utilization_ratio

字段中文名称：粪便基质利用

数据类型：float8

数据长度：53

㊳粪便场外丢弃

字段名称：feces_off_site_disposal_ratio

字段中文名称：粪便场外丢弃

数据类型：float8

数据长度：53

㊴粪便输入鱼塘

字段名称：feces_input_fish_pond_ratio

字段中文名称：粪便输入鱼塘

数据类型：float8

数据长度：53

㊵粪便其他

字段名称：feces_other_treatment_
methods_ratio

字段中文名称：粪便其他

数据类型：float8

数据长度：53

㊶粪便处理主要采用工艺

字段名称：main_treatment_process_feces

字段中文名称：粪便处理主要采用工艺

数据类型：varchar

数据长度：255

㊷污水处理主要采用工艺

字段名称：main_sewage_treatment_
process

字段中文名称：污水处理主要采用工艺

数据类型：varchar

数据长度：255

㊸污水是否采用达标排放处理方式排放

字段名称：is_up_standard_discharge

字段中文名称：污水是否采用达标排放
处理方式排放

数据类型：bool

数据长度：0

㊹污水处理执行标准名称

字段名称：handle_standard_name
字段中文名称：污水处理执行标准名称
数据类型：varchar
数据长度：255

㊺污水处理执行标准号

字段名称：handle_standard_num
字段中文名称：污水处理执行标准号
数据类型：varchar
数据长度：255

㊻是否有配套农田消纳利用畜禽粪便污水

字段名称：have_supporting_farmland
字段中文名称：是否有配套农田消纳利用畜禽粪便污水
数据类型：bool
数据长度：0

㊼配套农田和林地总面积

字段名称：total_planting_area
字段中文名称：配套农田和林地总面积
数据类型：float8
数据长度：53

㊽种植播种面积小麦

字段名称：planting_area_wheat
字段中文名称：种植播种面积小麦
数据类型：float8
数据长度：53

㊾种植播种面积玉米

字段名称：planting_area_cron
字段中文名称：种植播种面积玉米
数据类型：float8
数据长度：53

㊿种植播种面积水稻

字段名称：planting_area_rice
字段中文名称：种植播种面积水稻
数据类型：float8
数据长度：53

(51)种植播种面积谷子

字段名称：planting_area_millet
字段中文名称：种植播种面积谷子
数据类型：float8
数据长度：53

(52)种植播种面积大豆

字段名称：planting_area_soybean
字段中文名称：种植播种面积大豆
数据类型：float8
数据长度：53

(53)种植播种面积棉花

字段名称：planting_area_cotton
字段中文名称：种植播种面积棉花
数据类型：float8
数据长度：53

(54)种植播种面积马铃薯

字段名称：planting_area_potato
字段中文名称：种植播种面积马铃薯

数据类型：float8

数据长度：53

(55)种植播种面积其他大田作物

字段名称：planting_area_other_field_crop

字段中文名称：种植播种面积其他大田作物

数据类型：float8

数据长度：53

(56)种植播种面积黄瓜

字段名称：planting_area_cucumber

字段中文名称：种植播种面积黄瓜

数据类型：float8

数据长度：53

(57)种植播种面积青椒

字段名称：planting_area_green_pepper

字段中文名称：种植播种面积青椒

数据类型：float8

数据长度：53

(58)种植播种面积茄子

字段名称：planting_area_eggplant

字段中文名称：种植播种面积茄子

数据类型：float8

数据长度：53

(59)种植播种面积大白菜

字段名称：planting_area_chinese_cabbage

字段中文名称：种植播种面积大白菜

数据类型：float8

数据长度：53

(60)种植播种面积其他蔬菜

字段名称：planting_area_other_vegetables

字段中文名称：种植播种面积其他蔬菜

数据类型：float8

数据长度：53

(61)种植播种面积果树

字段名称：planting_area_fruiter

字段中文名称：种植播种面积果树

数据类型：float8

数据长度：53

(62)种植播种面积经济作物

字段名称：planting_area_cash_crop

字段中文名称：种植播种面积经济作物

数据类型：float8

数据长度：53

(63)种植播种面积草地

字段名称：planting_area_grassland

字段中文名称：种植播种面积草地

数据类型：float8

数据长度：53

(64)种植播种面积林地

字段名称：planting_area_woodland

字段中文名称：种植播种面积林地

数据类型：float8

数据长度：53

㉞单位负责人

字段名称：unit_leader
字段中文名称：单位负责人
数据类型：varchar
数据长度：255

㉟审核人

字段名称：reviewer
字段中文名称：审核人
数据类型：varchar
数据长度：255

㊱填表人

字段名称：preparer
字段中文名称：填表人
数据类型：varchar
数据长度：255

㊲联系电话

字段名称：preparer_phone
字段中文名称：联系电话
数据类型：varchar
数据长度：255

㊳报出日期

字段名称：report_date
字段中文名称：报出日期
数据类型：varchar
数据长度：255

㊴养殖畜种名称

字段名称：breed_name
字段中文名称：养殖畜种名称

数据类型：varchar
数据长度：255

㊶饲养阶段名称

字段名称：feed_stage_name
字段中文名称：饲养阶段名称
数据类型：varchar
数据长度：255

㊷饲养阶段代码

字段名称：feed_stage_code
字段中文名称：饲养阶段代码
数据类型：varchar
数据长度：255

㊸存栏量

字段名称：stock
字段中文名称：存栏量
数据类型：float8
数据长度：53

㊹体重范围

字段名称：weight_range
字段中文名称：体重范围
数据类型：float8
数据长度：53

㊺采食量

字段名称：feed_intake
字段中文名称：采食量
数据类型：float8
数据长度：53

㊻饲养周期

字段名称：feed_cycle

字段中文名称：饲养周期

数据类型：float8

数据长度：53

⑦清粪方式名称

字段名称：fecal_clear_method

字段中文名称：清粪方式名称

数据类型：varchar

数据长度：255

⑱清粪方式代码

字段名称：fecal_clear_code

字段中文名称：清粪方式代码

数据类型：varchar

数据长度：255

⑲主表 id

字段名称：farmers_fecal_sewage_treat-ment_questionnaire_id

字段中文名称：主表 id

数据类型：varchar

数据长度：255

6 水产养殖生产及尾水处置

6.1 主要术语与解释

6.1.1 抽样调查县水产养殖场（户）信息表指标解释

【1. 地址】填写该规模化水产养殖场所属省（自治区、直辖市）、市（区、州、盟）、县（区、市、旗）、乡（镇、街道）、村（或号）、组的名称。不得填写通信号码和通信邮箱号码。

【2. 行政区划代码】由所在地普查机构统一填写。根据普查对象的详细地址，按《第二次全国污染源普查指标解释》附表1行政区划代码，将相应行政区划代码填写在方格内。不在《第二次全国污染源普查指标解释》附表1提供范围内的县以下地区，由县（区）普查机构按编码规则自行编码填报，自行编码不得与已统一编制的代码重复。

《第二次全国污染源普查指标解释》附表1行政区划代码按照2017年的全国行政区划编码，共有12位阿拉伯数字，分为三段。第一段为6位数字，表示县及县以上的行政区划；第二段、第三段6位数字，表示县以下的行政区划。

如2007年行政区划代码有变动的：县及县以上的行政区划有变动的，则县及县以上的行政区划代码（第1～6位码）按最新的《中华人民共和国行政区划代码》（GB/T 2260）填报；县及县以上行政区划变化但县以下行政区划未变化的，按附表1行政区划代码库中的代码第7～12位码填报；县以下行政区划有变化的，按编码原则自行编码。

县以下行政区划代码编码原则如下：第二段3位数字，表示街道、镇和乡。第二段3位代码中的第一位数字为类别标识，以"0"表示街道，"1"表示镇，"2"和"3"表示乡，"4"和"5"表示政企合一的单位；第二、三位数字为该代码段中各行政区划的顺序号。街道的代码从001～099由小到大顺序编写；镇的代码从100～199由小到大顺序编写；乡的代码从200～399由小到大顺序编写；政企合一单位的代码从400～599由小到大顺序编写。

第三段的3位数字，表示居民委员会和村民委员会的代码，用3位顺序码表示。具体编码方法如下：居民委员会的代码从001～199由小到大顺序编写；村民委员会的代码从200～399由小到大顺序编写。

行政区划代码中的地址名称应采用民政部门认可的正式名称。

【3. 县（区、市、旗）负责人】指负责该县水产养殖情况调查人员姓名。

【4. 县负责人联系电话】指负责该县水产养殖情况调查人员联系电话。

【5. 水产养殖场名称】指经有关部门批准正式使用的养殖场的全称。包括经各级工商行政管理部门核准登记，领取《营业执照》的单位，包括法人单位和产业活动单位。按工商部门登记的名称填写；填写时要求使用规范化汉字全称，与单位公章所使用的名称完全一致。如单位名称变更（含当年变更），应同时填上变更前的名称（曾用名）。凡经登记主管机关核准或批准，具有两个或两个以上名称的单位，要求填写一个法人单位名称，同时用括号注明其余的单位名称。

【6. 户主姓名】水产养殖专业户户主名称。

【7. 养殖水体】分为淡水养殖和海水养殖两种，淡水养殖填写"1"，海水养殖填写"2"。

【8. 养殖模式】分为池塘养殖、工厂化养殖、网箱养殖、围栏养殖、浅海筏式养殖、滩涂增养殖、稻田养殖、其他。

【9. 主要养殖种类】若养殖池塘或工厂化养殖水体是单一品种养殖，只填写唯一养殖种类名称；若养殖池塘或工厂化养殖水体是多品种混合养殖，则每一种类填写在一格内（即一种一行），统一填写学名（表6-1）。

表6-1　养殖品种名称与代码对应表

品种名称	品种代码	品种名称	品种代码	品种名称	品种代码	品种名称	品种代码	品种名称	品种代码
鲟鱼	S01	鳟鱼	S15	南美白对虾（淡）	S29	鲷鱼	S43	江珧	S57
鳗鲡	S02	河鲀	S16	河蟹	S30	大黄鱼	S44	扇贝	S58
青鱼	S03	池沼公鱼	S17	河蚌	S31	鲆鱼	S45	蛤	S59
草鱼	S04	银鱼	S18	螺	S32	鲽鱼	S46	蛏	S60
鲢鱼	S05	短盖巨脂鲤	S19	蚬	S33	南美白对虾（海）	S47	海参	S61
鳙鱼	S06	长吻鮠	S20	龟	S34	斑节对虾	S48	海胆	S62
鲤鱼	S07	黄鳝	S21	鳖	S35	中国对虾	S49	海水珍珠	S63
鲫鱼	S08	鳜鱼	S22	蛙	S36	日本对虾	S50	海蜇	S64
鳊鱼	S09	加州鲈	S23	淡水珍珠	S37	梭子蟹	S51	其他	S65
泥鳅	S10	乌鳢	S24	鲈鱼	S38	青蟹	S52		
鲶鱼	S11	罗非鱼	S25	石斑鱼	S39	牡蛎	S53		
鮰鱼	S12	罗氏沼虾	S26	美国红鱼	S40	鲍	S54		
黄颡鱼	S13	青虾	S27	军曹鱼	S41	蚶	S55		
鲑鱼	S14	克氏原螯虾	S28	鲕鱼	S42	贻贝	S56		

【10. 产量】指同一养殖模式、同一养殖类型的养殖池塘或养殖水体中养殖的生物满足商品规格后全部收获的产量，若苗种养殖，其产量应包括亲本和苗种的重量，单位用吨/年表示。

注：若在养殖模式主要养殖种类中填了多个种类，产量栏内也应按不同种类分别填写。

【11. 投苗量】指养殖最初投入的水产品苗体质量。

【12. 面积/体积】指养殖水体面积，单位为亩、平方米；养殖水体的体积，单位为立方米。

【13. 用水量】指全年养殖用水量，单位吨/年。

【14. 换水量】指全年养殖换水量，单位吨/年。

【15. 详细地址】指养殖场或养殖户在县内的详细地址。

【16. 负责人】对于规模化水产养殖场填写法定代表人姓名，法定代表人是指依照法律或者法人组织章程规定，代表法人行使职权的负责人。无法定代表人的填写行政负责人姓名；对于养殖户，填写养殖户姓名。

【17. 联系电话】指养殖场法人或养殖户的联系电话。

6.1.2 水产养殖基本情况表指标解释

【1. 养殖品种及代码】在表格内按表6-1填写统一名称和代码。

【2. 养殖水体】分为淡水养殖和海水养殖两种，在相应的水体类型处打√。

【3. 产量】指同一养殖模式、同一养殖类型的养殖池塘或养殖水体中养殖的生物满足商品规格后全部收获的产量，单位用吨/年表示。

注：在同一养殖品种的不同养殖模式中，产量须对应填写。

【4. 投苗量】指养殖最初投入的水产品苗体质量，单位吨/年。

【5. 面积】网箱养殖模式养殖面积单位为平方米，其他养殖模式单位为亩。

【6. 体积】工厂化养殖模式填写养殖水体体积，单位为立方米。

【7. 养殖情况统计】指该县规模化养殖场和养殖户分别的统计总数。规模化养殖场是指经有关部门批准的具有法人资格的水产养殖场；养殖户是指除规模化养殖场以外的水产养殖户或养殖单位。

6.2 数据表描述

6.2.1 抽样调查县水产养殖场（户）信息表

数据表名称：sample_survey_aquaculture_farm_info

数据表中文名称：抽样调查县水产养殖场（户）信息表

数据表原始表格：

抽样调查县水产养殖场（户）信息表

1. 养殖场（户）所在地	_____ 省（自治区、直辖市）_____ 市（区、州、盟）_____ 县（区、市、旗）													
2. 区划代码	□□□□□□		3. 县（区、市、旗）负责人					4. 县负责人联系电话						
序号	5. 名称①规模化养殖场（全称）②养殖专业户（户主姓名）	6. 养殖水体①淡水养殖②海水养殖	7. 是否混养①是②否	8. 养殖模式①池塘养殖②工厂化养殖③网箱养殖④围栏养殖⑤浅海筏式养殖⑥滩涂增养殖⑦稻田养殖⑧其他	9. 主要养殖种类及代码	10. 产量（吨/年）	11. 投苗量（吨/年）	12. 投饵量（吨/年）	13. 面积/体积（亩、平方米、立方米）	14. 用水量（吨/年）	15. 换水量（吨/年）	16. 详细地址〔乡（镇）、街道）、村、组〕	17. 养殖场（户）负责人	18. 养殖场（户）负责人联系电话
1														
2														
3														

填表人：　　　　　　　　　　审核人：　　　　　　　　　　年　月　日

6.2.2 水产养殖基本情况表

数据表名称：fishery_breed_statistics

数据表中文名称：水产养殖基本情况

数据表编号：N203 表

资料来源：《关于印发〈第二次全国污染源普查制度〉的通知》（国污普〔2018〕15 号）

数据表原始表格：

县（区、市、旗）水产养殖基本情况

表　　号：N203 表

区划代码：□□□□□□

制定机关：国务院第二次全国污染源普查

_____省（自治区、直辖市）

领导小组办公室

_____市（区、州、盟）

批准机关：国家统计局

_____县（区、市、旗）

批准文号：

综合机关名称（盖章）：

2017 年有效期至：

指标名称	计量单位	代码	指标值	
甲	乙	丙	养殖品种 1	养殖品种 2
养殖品种名称	—	01		
养殖品种代码	—	02		
一、池塘养殖	—	—	—	—
养殖水体	—	03	□ 1 淡水养殖　2 海水养殖	□ 1 淡水养殖　2 海水养殖
产量	吨/年	04		
投苗量	吨/年	05		
面积	亩	06		
二、工厂化养殖	—	—		
养殖水体	—	07	□ 1 淡水养殖　2 海水养殖	□ 1 淡水养殖　2 海水养殖
产量	吨/年	08		
投苗量	吨/年	09		
体积	立方米	10		
三、网箱养殖	—	—		
养殖水体	—	11	□ 1 淡水养殖　2 海水养殖	□ 1 淡水养殖　2 海水养殖
产量	吨/年	12		
投苗量	吨/年	13		
面积	平方米	14		
四、围栏养殖	—	—	—	—
养殖水体	—	15	□ 1 淡水养殖　2 海水养殖	□ 1 淡水养殖　2 海水养殖
产量	吨/年	16		
投苗量	吨/年	17		
面积	亩	18		
五、浅海筏式养殖	—	—	—	—
养殖水体	—	19	□ 1 淡水养殖　2 海水养殖	□ 1 淡水养殖　2 海水养殖
产量	吨/年	20		
投苗量	吨/年	21		
面积	亩	22		

（续）

指标名称	计量单位	代码	指标值	
甲	乙	丙	养殖品种1	养殖品种2
六、滩涂养殖	—	—	—	—
养殖水体	—	23	□ 1 淡水养殖　2 海水养殖	□ 1 淡水养殖　2 海水养殖
产量	吨/年	24		
投苗量	吨/年	25		
面积	亩	26		
七、其他	—	—	—	—
养殖水体	—	27	□ 1 淡水养殖　2 海水养殖	□ 1 淡水养殖　2 海水养殖
产量	吨/年	28		
投苗量	吨/年	29		
面积	亩	30		
八、养殖情况统计	个	31		
规模养殖场	个	32		
养殖户	个	33		

单位负责人：　　　统计负责人（审核人）：　　　填表人：　　　联系电话：　　　报出日期：　　年 月 日

说明：1. 本表由县（区、市、旗）渔业部门根据统计数据填报。

　　　2. 如需填报的养殖品种数量超过2种，可自行复印表格填报。

　　　3. 审核关系：31＝32＋33。

6.3　数据字段与描述

6.3.1　抽样调查县水产养殖场（户）信息表字段描述

①唯一 id

字段名称：id

字段中文名称：唯一 id

数据类型：varchar

数据长度：255

②省（自治区、直辖市）

字段名称：province_name

字段中文名称：省（自治区、直辖市）

数据类型：varchar

数据长度：255

③市（区、州、盟）

字段名称：city_name

字段中文名称：市（区、州、盟）

数据类型：varchar

数据长度：255

④县（区、市、旗）

字段名称：county_name

字段中文名称：县（区、市、旗）

数据类型：varchar

数据长度：255

⑤区划代码

字段名称：ad_code

字段中文名称：区划代码

数据类型：varchar

数据长度：255

⑥县（区、市、旗）负责人

字段名称：county_principal

字段中文名称：县（区、市、旗）负责人

数据类型：varchar

数据长度：255

⑦县负责人联系电话

字段名称：county_principal_phone

字段中文名称：县负责人联系电话

数据类型：varchar

数据长度：255

⑧填表人

字段名称：preparer

字段中文名称：填表人

数据类型：varchar

数据长度：255

⑨审核人

字段名称：reviewer

字段中文名称：审核人

数据类型：varchar

数据长度：255

⑩填表日期

字段名称：report_date

字段中文名称：填表日期

数据类型：varchar

数据长度：255

⑪名称

字段名称：farm_name

字段中文名称：名称

数据类型：varchar

数据长度：255

⑫养殖水体

字段名称：cultural_water

字段中文名称：养殖水体

数据类型：varchar

数据长度：255

⑬是否混养

字段名称：whether_polyculture

字段中文名称：是否混养

数据类型：bool

数据长度：0

⑭养殖模式

字段名称：breed_mode

字段中文名称：养殖模式

数据类型：int2

数据长度：16

⑮养殖种类名称

字段名称：breed_type_name

字段中文名称：养殖种类名称

数据类型：varchar

数据长度：255

⑯养殖种类代码

字段名称：breed_type_code

字段中文名称：养殖种类代码

数据类型：varchar

数据长度：255

⑰产量

字段名称：output

字段中文名称：产量

数据类型：float8

数据长度：53

⑱投苗量

字段名称：seed_amount

字段中文名称：投苗量

数据类型：float8

数据长度：53

⑲投饵量

字段名称：feed_amount

字段中文名称：投饵量

数据类型：float8

数据长度：53

⑳面积/体积

字段名称：volume

字段中文名称：面积/体积

数据类型：float8

数据长度：53

㉑用水量

字段名称：water_consumption

字段中文名称：用水量

数据类型：float8

数据长度：53

㉒换水量

字段名称：water_change

字段中文名称：换水量

数据类型：float8

数据长度：53

㉓详细地址［乡（镇、街道）、村、组］

字段名称：address

字段中文名称：详细地址［乡（镇、街道）、村、组］

数据类型：varchar

数据长度：255

㉔养殖场（户）负责人

字段名称：leading_cadre_name

字段中文名称：养殖场（户）负责人

数据类型：varchar

数据长度：255

㉕养殖场（户）负责人联系电话

字段名称：leading_cadre_phone

字段中文名称：养殖场（户）负责人联系电话

数据类型：varchar

数据长度：255

㉖主表 id

字段名称：sample_survey_aquaculture_farm_info_id

字段中文名称：主表 id

数据类型：varchar

数据长度：255

6.3.2 水产养殖基本情况表字段描述

①区划代码

字段名称：code
字段中文名称：区划代码
数据类型：varchar
数据长度：255

②省（自治区、直辖市）

字段名称：province_name
字段中文名称：省（自治区、直辖市）
数据类型：varchar
数据长度：255

③市（区、州、盟）

字段名称：city_name
字段中文名称：市（区、州、盟）
数据类型：varchar
数据长度：255

④县（区、市、旗）

字段名称：county_name
字段中文名称：县（区、市、旗）
数据类型：varchar
数据长度：255

⑤综合机关名称（盖章）

字段名称：comprehensive_authority_name
字段中文名称：综合机关名称（盖章）
数据类型：varchar
数据长度：255

⑥年份

字段名称：year

字段中文名称：年份
数据类型：varchar
数据长度：255

⑦养殖品种名称

字段名称：breed_varieties_name
字段中文名称：养殖品种名称
数据类型：varchar
数据长度：255

⑧养殖品种代码

字段名称：breed_varieties_code
字段中文名称：养殖品种代码
数据类型：varchar
数据长度：255

⑨池塘养殖-养殖水体

字段名称：pond_breed_water
字段中文名称：池塘养殖-养殖水体
数据类型：varchar
数据长度：255

⑩池塘养殖-产量（吨/年）

字段名称：pond_output
字段中文名称：池塘养殖-产量（吨/年）
数据类型：float8
数据长度：53

⑪池塘养殖-投苗量（吨/年）

字段名称：pond_input
字段中文名称：池塘养殖-投苗量（吨/年）

数据类型：float8

数据长度：53

⑫池塘养殖-面积（亩）

字段名称：pond_area

字段中文名称：池塘养殖-面积（亩）

数据类型：float8

数据长度：53

⑬工厂化养殖-养殖水体

字段名称：factory_breed_water

字段中文名称：工厂化养殖-养殖水体

数据类型：varchar

数据长度：255

⑭工厂化养殖-产量（吨/年）

字段名称：factory_output

字段中文名称：工厂化养殖-产量（吨/年）

数据类型：float8

数据长度：53

⑮工厂化养殖-投苗量（吨/年）

字段名称：factory_input

字段中文名称：工厂化养殖-投苗量（吨/年）

数据类型：float8

数据长度：53

⑯工厂化养殖-体积（立方米）

字段名称：factory_volume

字段中文名称：工厂化养殖-体积（立方米）

数据类型：float8

数据长度：53

⑰网箱养殖-养殖水体

字段名称：cage_breed_water

字段中文名称：网箱养殖-养殖水体

数据类型：varchar

数据长度：255

⑱网箱养殖-产量（吨/年）

字段名称：cage_output

字段中文名称：网箱养殖-产量（吨/年）

数据类型：float8

数据长度：53

⑲网箱养殖-投苗量（吨/年）

字段名称：cage_input

字段中文名称：网箱养殖-投苗量（吨/年）

数据类型：float8

数据长度：53

⑳网箱养殖-面积（平方米）

字段名称：cage_area

字段中文名称：网箱养殖-面积（平方米）

数据类型：float8

数据长度：53

㉑围栏养殖-养殖水体

字段名称：enclosure_breed_water

字段中文名称：围栏养殖-养殖水体

数据类型：varchar

数据长度：255

㉒围栏养殖-产量（吨/年）

字段名称：enclosure_output
字段中文名称：围栏养殖-产量（吨/年）
数据类型：float8
数据长度：53

㉓围栏养殖-投苗量（吨/年）

字段名称：enclosure_input
字段中文名称：围栏养殖-投苗量（吨/年）
数据类型：float8
数据长度：53

㉔围栏养殖-面积（亩）

字段名称：enclosure_area
字段中文名称：围栏养殖-面积（亩）
数据类型：float8
数据长度：53

㉕浅海筏式养殖-养殖水体

字段名称：shallow_sea_breed_water
字段中文名称：浅海筏式养殖-养殖水体
数据类型：varchar
数据长度：255

㉖浅海筏式养殖-产量（吨/年）

字段名称：shallow_sea_output
字段中文名称：浅海筏式养殖-产量（吨/年）
数据类型：float8
数据长度：53

㉗浅海筏式养殖-投苗量（吨/年）

字段名称：shallow_sea_input
字段中文名称：浅海筏式养殖-投苗量（吨/年）
数据类型：float8
数据长度：53

㉘浅海筏式养殖-面积（亩）

字段名称：shallow_sea_area
字段中文名称：浅海筏式养殖-面积（亩）
数据类型：float8
数据长度：53

㉙滩涂养殖-养殖水体

字段名称：tidal_flat_breed_water
字段中文名称：滩涂养殖-养殖水体
数据类型：varchar
数据长度：255

㉚滩涂养殖-产量（吨/年）

字段名称：tidal_flat_output
字段中文名称：滩涂养殖-产量（吨/年）
数据类型：float8
数据长度：53

㉛滩涂养殖-投苗量（吨/年）

字段名称：tidal_flat_input
字段中文名称：滩涂养殖-投苗量（吨/年）
数据类型：float8
数据长度：53

㉜滩涂养殖-面积（亩）

字段名称：tidal_flat_area

字段中文名称：滩涂养殖-面积（亩）

数据类型：float8

数据长度：53

㉝其他养殖-养殖水体

字段名称：other_breed_water

字段中文名称：其他养殖-养殖水体

数据类型：varchar

数据长度：255

㉞其他养殖-产量（吨/年）

字段名称：other_output

字段中文名称：其他养殖-产量（吨/年）

数据类型：float8

数据长度：53

㉟其他养殖-投苗量（吨/年）

字段名称：other_input

字段中文名称：其他养殖-投苗量（吨/年）

数据类型：float8

数据长度：53

㊱其他养殖-面积（亩）

字段名称：other_area

字段中文名称：其他养殖-面积（亩）

数据类型：float8

数据长度：53

㊲养殖场情况统计（个）

字段名称：total_breed_statistics

字段中文名称：养殖场情况统计（个）

数据类型：float8

数据长度：53

㊳规模养殖场（个）

字段名称：scale_farms_num

字段中文名称：规模养殖场（个）

数据类型：float8

数据长度：53

㊴养殖户（个）

字段名称：farmers_num

字段中文名称：养殖户（个）

数据类型：float8

数据长度：53

㊵单位负责人

字段名称：company_responsible_people

字段中文名称：单位负责人

数据类型：varchar

数据长度：255

㊶统计负责人（审核人）

字段名称：statistics_responsible_people

字段中文名称：统计负责人（审核人）

数据类型：varchar

数据长度：255

㊷填报人

字段名称：fill_people

字段中文名称：填报人

数据类型：varchar

数据长度：255

㊸联系电话

字段名称：telephone_num

字段中文名称：联系电话　　　　　字段中文名称：报出日期

数据类型：varchar　　　　　　　　数据类型：varchar

数据长度：255　　　　　　　　　　数据长度：255

㊹报出日期

字段名称：report_date